D1652368

Prof. Dr.-Ing. HEINZ WITTKE

Tables à cinq décimales des fonctions trigonométriques · 400g

intervalle 1c

avec interpolation directe à deux unités et des fautes à l'arrondissement

Avec introduction en français.

6ème édition

Tables of five digits of goniometric functions · 400g

interval 1c

with direct two-figure interpolation and rounding-off inaccuracies

With English introduction.

6th edition

Tabula de cinco decimales de las funciones trigonométricas . 400g

intervalo 1c

con interpolación directa de dos cifras y de los errores de aproximación

Con introdución española.

edición 6a

FERD. DÜMMLERS VERLAG · BONN

Dümmlerbuch 7885

Geodätische Registertafel

Fünfstellige Winkelfunktionen · 400^g

Schrittweite 1^c
mit direkter
zweistelliger Interpolation
und Fehlergrenzen

Bearbeitet von
Prof. Dr.-Ing. HEINZ WITTKE

Mit viersprachiger Einleitung

Sechste Auflage

FERD. DÜMMLERS VERLAG · BONN

Dümmlerbuch 7885

Stellen	Abstand der Werte	Inhalt	Verfasser	Titel	-Buch	Preis
Digits	Intervals	Content	Author	Title	Code-Nr.	Price
		I. 360° = Altgrad = Sexagesimal arguments = degree				
5	10″	sin, cos tan, cot x^2 $\sqrt{x}$	H. WITTKE	Ultragrad 5	7889	DM 42,–
5	1′	sin, cos tan, cot sec, cosec	B. STICKER	Fünfstellige Tafel	4253	DM 7,60
6	10″	sin, cos tan, cot sec, cosec	J. PETERS	Sechsstellige Tafel der trigonometr. Funktionen	4255	DM 42,–
6	0,01°	arc, ev. sin, cos, tan, cot, sec, cosec	J. PETERS	Sechsstellige Werte der Kreis- und Evolventenfunktionen	7155	DM 42,–
		II. 400^g = Neugrad = centesimal arguments = gon				
4	$0,1^g$	sin, cos tan, cot	H. WITTKE	Vierstellige Winkelfunktionen	7884	DM 4,40
5	$0,01^g = 1^c$	sin, cos tan, cot	H. WITTKE	Fünfstellige Winkelfunktionen	7885	DM 19,80
5	$0,001^g = 10^{cc}$	sin, cos, tan, cot x^2 $\sqrt{x}$	H. WITTKE	Fünfstellige trigonometrische Tafel in 400^g-Teilung	7887	DM 42,–
6	$0,01^g = 1^c$	sin, cos tan, cot	H. WITTKE	Sechsstellige Winkelfunktionen	7886	DM 19,80

ISBN 3 427 78856 3

Printed in Germany by Beltz, Weinheim/Bergstraße

VORWORT

Allgemeines. Bei Registertafeln entfällt ein zeitraubendes Herumblättern. Ein Griff – und die gesuchte Zahl ist da! Die vorliegenden Tafeln haben dazu noch folgende Vorzüge:

- Großes Schriftbild mit neuzeitlichem Schnitt: Garamond-Ziffern. Die drei Jahrhunderte alten Mediäval-Ziffern

  0, 1, 2, 3, 4, 5, 6, 7, 8, 9

  werden als überholt abgelehnt; sie „tanzen auf und ab"; bei schlechtem Druck sind die Ziffern 0, 6, 9 leicht zu verwechseln.
- Ruhige Zeilenführung – Extrastarkes Papier – Augenschonende Papierfarbe (chamois) – Voll ausgenutztes DIN-Format B 5 – Bei den Winkelfunktionen je Grad nur eine Seite, so daß man nur halb so viel zu blättern braucht als sonst – Anordnung der selbstverständlichen Ziffergruppe (0), im Tabellenkopf bei sinus, cosinus, tangens (0^g–50^g); hierdurch ist eine besonders schmale, übersichtliche, durch unnötige Zahlen entlastete Tafel geschaffen – Zweifarbiger Druck; daher große Übersichtlichkeit – Multiplikationstäfelchen immer an derselben Stelle – Register – Direkte zweistellige Interpolation im Bereich von sinus, cosinus, tangens (0–50^g), cotangens (50^g–100^g).

Mit solchen Vorzügen läßt sich schnell und sicher rechnen.

Geltungsbereich. Mit einer 5stelligen Tafel kann man nur 5stellig rechnen. Der Winkel darf daher nur auf $0{,}001^g$ genau gegeben sein, z.B. $78{,}456^g$. Wer auf $0{,}0001^g$ scharf rechnen will, sei auf die entsprechende 6stellige Registertafel verwiesen.
Trotz dieser klaren Regel werden in der Praxis mitunter auch bei 5stelliger Rechnung die $0{,}0001^g$ mitgeführt, um die Abrundungsungenauigkeiten weitgehend auszuschalten. Beide Interpolationsfälle, also mit der Genauigkeit $0{,}001^g$ und $0{,}0001^g$, sind hier berücksichtigt; im Bereich der Tafeldifferenzen 0–32 ist sogar erstmalig eine direkte zweistellige Interpolation vorgesehen. (Siehe Rechenblatt, das am Schluß des Buches eingeklebt ist).

Abrunden. Bei der Interpolation ist man genötigt, die letzten Ziffern zu runden. Hierbei gelten folgende Regeln:

Letzte Ziffer	Vorletzte Ziffer	Beispiel
über 5	um 1 aufrunden	18,6 ≈ 19
unter 5	bleibt so	18,4 ≈ 18
gleich 5	auf gerade Zahlen runden	18,5 ≈ 18; 19,5 ≈ 20

Diese Regeln sind auch bei der Herleitung des Rechenblattes berücksichtigt.

Interpolation. Man kann die Zwischenwerte mit Hilfe des Rechenschiebers oder der Multiplikationstäfelchen (am Kopf jeder Seite) oder mit der Rechenmaschine einschalten. Bei dreistelligen Tafeldifferenzen, wie diese beim Cotangens 6^g, 7^g, 20^g–25^g vorkommen, empfiehlt sich als schnellstes Rechenmittel die Rechenmaschine.

Bei Tafeldifferenzen bis zu 32 kann man die Rechengeschwindigkeit durch „direkte zweistellige Interpolation" nennenswert erhöhen; Polygonzüge (Eckzüge) lassen sich auf diese Weise schnell berechnen. Hilfsmittel ist das eingeklebte Rechenblatt am Schluß des Buches.

Rechnen mit Sinus und Tangens. Sinus und Tangens sind im I. Quadranten steigende Funktionen; der Funktionswert vergrößert sich von Schritt zu Schritt. Die rote Tafeldifferenz ist in diesem Falle positiv.

1. Beispiel: Gegeben $\alpha = 7{,}1087^g$; gesucht $\sin \alpha$.

Mittels Register finden wir	$\sin(7{,}10^g) =$	0,11130; Tafeldiff. + 15
Mittels Mult.-Tafel am Seitenkopf finden wir den Zuschlag	$0{,}8 \cdot (+15) =$	12,0
	$0{,}07 \cdot (+15) =$	1,05
	Ergebnis $\sin \alpha =$	0,11143.

Tangenswerte werden entsprechend aufgeschlagen.

2. Beispiel (Umkehrung): Gegeben $\tan \alpha = 2{,}54600$; gesucht α.
Im Register finden wir in kleinen Ziffern die Tangensfunktion 2,52 vermerkt. Wir schlagen die entsprechende Seite auf und rechnen:

Gegeben	. . . .	2,54600	
Aus der Tafel	76,17^g	2,54555	Tafeldiff.: + 118
	Differenz	45	
Aus Mult.-Tafel 118	3	35,4	
ferner	8	96	
Ergebnis $\alpha =$	76,1738^g		

Rechnen mit Cosinus und Cotangens. Cosinus und Cotangens sind im I. Quadranten fallende Funktionen; der Funktionswert vermindert sich von Schritt zu Schritt. Die rote Tafeldifferenz ist in diesem Falle negativ.

3. Beispiel: Gegeben $\alpha = 92{,}8913^g$; gesucht $\cos \alpha$.

Mittels Register finden wir	$\cos(92{,}89^g) =$	0,11145; Tafeldiff.: −15
Mittels Mult.-Tafel am Seitenkopf finden wir den Zuschlag	$0{,}1 \cdot (-15) =$	−1,5
	$0{,}03 \cdot (-15) =$	−0,45
	Ergebnis $\cos \alpha =$	0,11143.

Cotangenswerte werden entsprechend aufgeschlagen.

4. Beispiel (Umkehrung): Gegeben $\cot \alpha = 2{,}35000$, gesucht α.

Im Register finden wir 2,31. Auf der entsprechenden Seite rechnen wir:

Gegeben	. . . .	2,35000	
Aus der Tafel	25,61^g	2,35026	Tafeldiff.: − 102
	Differenz	−26	
Aus Mult.-Tafel 102	2	20,4	
ferner	5	−56	
Ergebnis $\alpha =$	25,6125^g		

Rechnen mit cotg im Bereich 0^g bis 2^g. In diesem Bereich sind die Funktionswerte und damit auch die Tafeldifferenzen sehr groß. Man kann nicht linear interpolieren. Hier hilft die Funktion $(\alpha \cdot \text{ctg})$.

5. Beispiel: Gegeben $\alpha = 0{,}2143^g$; gesucht $\cot \alpha$.
Entnimm mit $\alpha = 0{,}2143^g$ den Wert $\alpha \cdot \text{ctg} = 63{,}662^g$. Dann ist (mit Rechenmaschine) $\cot \alpha = 63{,}662 : 0{,}2143 = 297{,}07$.

6. *Beispiel* (Umkehrung): Gegeben cotg α = 297,07; gesucht α.

Entnimm mit cotg α = 297,07 den Wert $\alpha \cdot$ ctg = $63{,}662^g$. Dann ist (mit Rechenmaschine) $\alpha = 63{,}662 : 297{,}07 = 0{,}2143^g$.

Winkel zwischen 100^g und 400^g. Funktionen, die zu Winkeln zwischen 100^g und 400^g gehören, lassen sich mit folgender Tabelle finden:

Winkel	α	R+α	2R+α	3R+α
Quadrant	I	II	III	IV
sin	+sin	+cos	−sin	−cos
cos	+cos	−sin	−cos	+sin
tang	+tang	−cotg	+tang	−cotg
cotg	+cotg	−tang	+cotg	−tang

Ist z.B. cos (2R + α) gesucht, so findet man in der cos-Zeile und in der Spalte 2R + α, daß in der Funktionstafel −cos α aufzuschlagen ist.

7. *Beispiel:* Gegeben $327{,}345^g$; gesucht der sinus.

Wir setzen den Betrag, der im 1. Quadranten liegt, gleich α; also $\alpha = 27{,}345^g$. Dann ist gesucht sin (3R + α); laut Tabelle ist dies gleich −cos α. Wir haben also für sin $(327{,}345^g)$ den Wert −cos $(27{,}345^g)$ aufzuschlagen. Laut Tafel ist cos (27,345) gleich 0,90916, also sin $(327{,}345^g) = -0{,}90916$.

8. *Beispiel* (Umkehrung): Gegeben sin $\alpha = -0{,}34147$; gesucht α.

Laut Tabelle (1. Zeile) ist der Sinus im III. und IV. Quadranten negativ. Es gibt also 2 Lösungen α_1 und α_2.

Im III. Quadranten findet man $\alpha_1 = 222{,}185^g$,

Im IV. Quadranten findet man $\alpha_2 = 377{,}815^g$.

Mit Hilfe einer Zeichnung wird man feststellen, welcher Wert praktische Bedeutung hat.

Auch beim Tangens und Cotangens treten jeweils 2 Lösungen auf. Bei geodätischen Richtungen zeigen diese die entgegengesetzten Richtungen der betreffenden Geraden an. Für Schnittaufgaben ist es ohne Bedeutung, ob man den einen Wert oder den um 200^g gedrehten Wert benutzt.

Direkte zweistellige Interpolation. Das dazugehörige Rechenblatt ist im Anhang gegeben. Anwendungsbereich für Tafeldifferenzen von 0 bis 32; also für alle Polygonzüge brauchbar.

Tafeleingang = Winkel → Funktion.
Tafelausgang = Funktion → Winkel.

9. *Beispiel:* Gegeben $\alpha = 7{,}1087^g$; gesucht sin α.

Die Haupttafel liefert zunächst . . . . . sin $(7{,}10^g) = 0{,}11130$
Das Rechenblatt (Tafeleingang) liefert zur
Tafeldifferenz 15 bei 87^{cc} den . . . . . Zuschlag= 13

Ergebnis sin $\alpha = 0{,}11143$

Das ist die direkte zweistellige Interpolation. Keine Einzelzuschläge für 80^{cc} und 7^{cc}, keine Teiladdition und Abrundung, nur ein einziger Zuschlagswert.

Weitere Beispiele zum Rechenblatt, Tafeleingang.

Wir betrachten die Tafeldifferenz 15. Die Zuschläge in der Randspalte gelten wie folgt: Von 0^{cc}–3^{cc}: Zuschlag 0; von 4^{cc}–9^{cc}: Zuschlag 1; von 10^{cc}–16^{cc}: Zuschlag 2; usw. – Ist z.B. 18^{cc} gegeben, so liegt 18^{cc} im Bereich 17^{cc}–23^{cc}; der Zuschlag beträgt also 3. – Bei 89^{cc} gilt der Zuschlag 13 (also einschließlich 89); bei 90^{cc} gilt der Zuschlag 14.

10. Beispiel (Umkehrung): Gegeben sin α = 0,11143; gesucht α.

Die Haupttafel liefert für 0,11130 den Winkel . $7{,}10^{g}$ Überschuß 13;
Das Rechenblatt (Tafelausgang) liefert für den Überschuß 13 in der Spalte 15 die noch fehlenden Sekunden (^{cc}) 87

Ergebnis α = $7{,}1087^{g}$

Auch hier werden Nebenrechnungen eingespart.

PREFACE

General remarks: With register-tables – no more wearisome turning of leaves is necessary. One touch and the figure wanted is at hand. Other advantages of the present tables are:

- Printed in large characters with modern cut: Garamond figures. Medieval figures, three centuries old,

  0, 1, 2, 3, 4, 5, 6, 7, 8, 9

  are rejected as obsolete, they "dance up and down", with bad print the figures 0, 6, 9 may easily be mistaken.

- Tranquil composition – Extrathick paper – eye-saving colour (chamois) – Fully used DIN Format B 5 – Goniometric-functions given on seperate pages for each degree, thus only half as much turning of leaves as usual. Arrangement of the evident figure-group (0) within the table-heading together with Sine, Cosine, Tangent (0^g–50^g), representing an extra small well digested table, relieved from all unnecessary figures. Two-colour print – lucid arrangement-multiplication-tables always at the same place – Register – direct two-figures interpolation in range of Sine, Cosine, Tangent (0^g–50^g), Cotangent (50^g–100^g).

  With such advantages one can obtain quick and precise results.

Applicability: With a 5-figures table, results will also be provided in 5 decimals only. Angles must be given in $0{,}001^g$ precisely, i.e. $78{,}456^g$. Whoever wants results in accurate $0{,}0001^g$ be referred to the corresponding 6-figures table.
In spite of these clear rules even with 5-figures reckoning the $0{,}0001^g$s are sometimes carried along for practical reasons to eliminate rounding-off inaccuracies as far as possible.
Both cases of interpolation, with an exactness of $0{,}001^g$ as well as of $0{,}0001^g$ are considered in this volume. In the range of table-differences 0–32 even direct 2-figures interpolation is possible for the first time. (Ready reckoner attached at the end.)

Rounding-off. With interpolation one must round the last figures. The following rules have to be observed:

Last figure	penultimate figure	example
above 5	round-up by 1	18,6 = 19
under 5	remains	18,4 = 18
5	round to next even figure	18,5 = 18, 19,5 = 20

The same rules were utilized to establish the ready reckoner.

Interpolation: Intermediate-quantities can be inserted by means of the slide-rule or the multiplication-tables (within the heading of each page) or by calculating machine. For 3-figures table-differences, as they occur with Cotangent 6^g, 7^g, 20^g–25^g, calculating machines are recommended for quick results.
For table-differences up to 32 reckoning speed can be raised considerably by "direct 2-figures interpolation"; thus traverses can be worked out quickly. The attached ready reckoner at the end may be used as device.

Reckoning with Sine and Tangent. Sine and Tangent are inclining functions in the I[st] quadrant. The function's value increases step by step. The red table-difference is positive in this case.

Example No. 1: Given $\alpha = 7{,}1087^g$; find Sine α

Using the register we find Sine $(7{,}10^g) = 0{,}11130$; table-diff. + 15

Using multipl.-table within the heading of each page we find the addition

$$\begin{cases} 0{,}8 \cdot (+15) = & 12{,}0 \\ 0{,}07 \cdot (+15) = & 1{,}05 \end{cases}$$

Result: Sine $\alpha = 0{,}11143$.

Tangent values are added accordingly.

Example No. 2: (Reverse) Given Tangent $\alpha = 2{,}54600$; find α

In the register we find in small figures the function of Tangent 2,52. We look up the corresponding page and reckon:

Given	. . . .	2,54600	
From the table	$76{,}17^g$	2,54555;	table-diff.: + 118
	Difference:	45	
From the mult.-table 118	3	35,4	
further	8	96	
Result: $\alpha =$	$76{,}1738^g$		

Reckoning with Cosine and Cotangent. Cosine and Cotangent are declining functions in the I[st] quadrant. The function's value decreases step by step. The red table-difference in this case is negative.

Example No. 3: Given $\alpha = 92{,}8913^g$; find Cosine α

Using the register we find Cosine $(92{,}89^g) = 0{,}11145$; table-diff.: [–15

Using multipl.-table within the heading of each page we find the addition

$$\begin{cases} 0{,}1 \cdot (-15) = & -1{,}5 \\ 0{,}03 \cdot (-15) = & -0{,}45 \end{cases}$$

Result: Cosine $\alpha = 0{,}11143$

Cotangent values are added accordingly.

Example No. 4: (Reverse) Given Cotangent $\alpha = 2{,}35000$, find α.

In the register we find 2,31. Now we reckon on the corresponding page:

Given	. . . .	2,35000	
From the table	$25{,}61^g$	2,35026;	table-diff.: –102
	Difference	–26	
From the mult.-table 102	2	20,4	
further	5	–56	
Result: $\alpha =$	$25{,}6125^g$		

Reckoning with Cotangent in the range of 0^g to 2^g. Within this range function-values and also table differences are extremely great. One can not perform linear interpolation. Here applies the function (α · Cotangent).

Example No. 5: Given $\alpha = 0{,}2143^g$; find Cotangent α.

Extract with $= 0{,}2143^g$ the value of (α · Cotangent) $= 63{,}662^g$.

(Using calculating machine) $\alpha = 63{,}662 : 0{,}2143 = 297{,}07$.

Example No. 6: (Reverse) Given Cotangent α = 297,07; find α.
Extract with Cotangent α = 297,07 the value of
$\alpha \cdot$ Cotangent = $63{,}662^g$.
(Using calculating machine) $\alpha = 63{,}662 : 297{,}07 = 0{,}2143^g$

Angles between 100^g and 400^g. Functions belonging to angles between 100^g and 400^g can be found with the following table:

Angle	α	R + α	2 R + α	3 R + α
Quadrant	I	II	III	IV
Sine Cosine Tangent Cotangent	+ Sine + Cosine + Tangent + Cotangent	+ Cosine – Sine – Cotangent – Tangent	– Sine – Cosine + Tangent + Cotangent	– Cosine + Sine – Cotangent – Tangent

I.e. if Cosine (2 R + α) is wanted, one finds in the Cosine-line and in column 2 R + α, that – Cosine α has to be looked up in the functions-table.

Example No. 7: Given $327{,}345^g$; find the Sine.

We equate the figure lying in the I^{st} quadrant with α; thus obtaining $\alpha = 27{,}345^g$. Also wanted is Sine (3 R + α); according to the table it equals –Cosine α. Now we have to look up Sine ($327{,}345^g$) being –Cosine ($27{,}345^g$). According to the table Cosine (27,345) equals 0,90916, so Sine ($327{,}345^g$) = –0,90916.

Example No. 8: (Reverse) Given Sine α = –0,34147; find α.

According to the table (1st line) the Sine in the IIIrd and the IVth quadrant is negative. That means, that there are 2 results possible. α_1 and α_2.
In the IIIrd quadrant one finds $\alpha_1 = 222{,}185^g$
In the IVth quadrant one finds $\alpha_2 = 377{,}815^g$
By means of a drawing one can easily determine, which of these two values is of practical relevance.
Also with Tangent and Cotangent there are always 2 results possible. With geodetical directions Tangent and Cotangent show the opposite directions of the straight lines concerned. For sectional problems it makes no difference, wether one uses this value or the value turned by 200^g.

Direct 2-figures interpolation. The corresponding ready reckoner is attached to the table. Applicability for table-differences from 0 to 32; thus applicable to all traverses.

Table-Entrance = Angle → Function.
Table-Exit = Function → Angle.

Example No. 9: Given $\alpha = 7{,}1087^g$; find Sine α.

The main table provides . . . . . . Sine ($7{,}10^g$) = 0,11130
The ready reckoner (Table-Entrance)
provides for table difference 15 at 87^{cc}
the addition = 13

Result: Sine α = 0,11143

This is direct 2-figures interpolation. No seperate additions for 80^{cc} and 7^{cc}, no partial addition and rounding off, only one single addition.

Further Examples to the Ready Reckoner, Table-Entrance.

We consider the table-difference 15. Additions in the marginal column are as follows:

From 0^{cc}–3^{cc}: Addition 0; from 4^{cc}–9^{cc}: Addition 1; from 10^{cc}–16^{cc}: Addition 2; etc. – For example if 18^{cc} is given, 18^{cc} lies between 17^{cc}–23^{cc}; the addition is 3. – With 89^{cc} the addition is 13 (incl. 89) with 90^{cc} the addition is 14.

Example No. 10: (Reverse) Given Sine α = 0,11143; find α.

The main table provides for 0,11130 the angle . . . . $7{,}10^{g}$ Surplus 13

The ready reckoner (table-exit) provides
for the surplus 13 the
outstanding seconds (^{cc}) 87

Result: α = $7{,}1087^{g}$

Also here extra reckonings are saved.

PREFACIO

Generalidades. Mientras que en las tablas registradoras corrientes se presenta siempre un engorroso hojeo, en las presentes basta un asidero marginal ... ¡ y allí está el número buscado!. Estas tablas cuentan además con las siguientes ventajas:

- Escritura grande, de corte moderno: cifras Garamond. Las ya tres veces centenarias cifras medievales

  0, 1, 2, 3, 4, 5, 6, 7, 8, 9

  serán desechadas por anticuadas, pues "bailan en la línea, hacia arriba y hacia abajo"; además, en las malas impresiones, es fácil confundirlas.

- Cómoda conducción visual de las líneas – Papel extra fuerte – Vistoso color del papel (Chamois) – completo aprovechamiento del tamaño DIN – B 5 – En las funciones angulares basta sólo una página para cada grado, de manera que el hojeo se reduce a la mitad de lo ordinario – Ordenación del grupo de cifras sobrentendido (0), a la cabeza de la tabla junto con seno, coseno y tangente (de 0^g a 50^g); de aquí que resulte una tabla estrecha, sinóptica y desprovista de números innecesarios – Impresión bicolor, con lo que se logra una gran claridad – Tablillas de multiplicación localizadas siempre en el mismo lugar – Registro – Interpolación directa con dos cifras para senos, cosenos y tangentes (de 0 a 50^g), y para cotangentes (de 50^g a 100^g).

Con tales ventajas se logra un cálculo rápido y seguro.

Alcance de validez. Con una tabla de cinco cifras pueden calcularse valores de también sólo cinco cifras, razón por la cual los ángulos deben ser dados única y exactamente en $0{,}001^g$; por ejemplo, $78{,}456^g$. Quien quiera calcular con una exactitud de hasta $0{,}0001^g$ debe remitirse a las tablas de seis cifras.
A pesar de esta evidente regla, ocurre muchas veces en la práctica, para cálculos con cinco cifras, que es necesario acudir a los $0{,}0001^g$, para eliminar suficientemente los errores de aproximación. Ambos casos de interpolación, con aproximaciones de $0{,}001^g$ y $0{,}0001^g$, son tenidos aquí en cuenta. Para las diferencias tabulares comprendidas entre 0 y 32, inclusive, hasta se prevé una directa interpolación de dos cifras. (Véase la tabla adherida en la parte interior de la tapa posterior del libro)

Redondeo. En las interpolaciones es necesario redondear las últimas cifras; para ello se atienden las reglas siguientes:

última cifra	penúltima cifra	ejemplo
sobre 5	aumenta en 1	$18{,}6 \approx 19$
bajo 5	inalterable	$18{,}4 \approx 18$
igual 5	aumenta en 1, sólo en números pares	$18{,}5 \approx 18$; $19{,}5 \approx 20$

Estas reglas se observan también en las deducciones sobre la hoja de cálculos.

Interpolación. El valor intermedio puede calcularse con auxilio de la regla de cálculo, con la tablilla de multiplicar (a la cabeza de cada página) o con la máquina calculadora. Para diferencias tabulares de tres cifras, como las que se presentan en las cotangentes de 6^g, 7^g, 20^g a 25^g, se recomienda la máquina calculadora como medio más rápido.
En las diferencias tabulares hasta 32, inclusive, puede aumentarse notablemente la rapidez del cálculo por medio de la "interpolación directa con dos cifras". Las secciones poligonales pueden rápidamente calcularse de esta manera. Medio de ayuda es la tabla adherida en la tapa posterior del libro.

Cálculo con senos y tangentes. El seno y la tangente son en el primer cuadrante, funciones ascendentes; el valor de la función aumenta paso a paso. Las diferencias tabulares, en rojo, son en este caso positivas.

1er. ejemplo: dado $a = 7{,}1087^g$; búscase sen a.

Por medio del registro, encontramos sen $(7{,}10^g)$ $= 0{,}11130$; Dif. Tab.: +15

Por medio de la tablilla, a la cabeza de la página, encontramos el suplemento
$$\begin{cases} 0{,}8 \cdot (+15) = 12{,}0 \\ 0{,}07 \cdot (+15) = 1{,}05 \end{cases}$$

Resultado: sen $a = 0{,}11143$

De igual manera se obtienen los valores para tangentes.

2do. ejemplo (inverso): dado tg $a = 2{,}54600$; búscase a.

En el registro está anotada, en cifras pequenas, la función tangente 2,52. Consultamos las páginas correspondientes y luego calculamos:

dado		2,54600	
de la tabla	$76{,}17^g$	2,54555	Dif.Tab.: +118
	Diferencia:	45	
de la tablilla de multiplicación 118	3	35,4	
sucesivamente,	8	96	
Resultado: a =	$76{,}1738^g$		

Cálculo de cosenos y cotangentes. El coseno y la cotangente son, en el primer cuadrante, funciones descendentes; el valor de la función decrece paso a paso. La diferencia tabular, en rojo, es en este caso negativa.

3er. ejemplo: dado $a = 92{,}8913^g$; búscase cos a.

Por medio del registro, encontramos cos $(92{,}89^g)$ $= 0{,}11145$; Dif.:Tab.: −15

Por medio de la tablilla, a la cabeza de la página, encontramos el suplemento
$$\begin{cases} 0{,}1 \cdot (-15) = -1{,}5\ ) \\ 0{,}03 \cdot (-15) = -0{,}45 \end{cases}$$

Resultado: cos $a = 0{,}11143$

De igual manera se obtienen los valores para cotangentes.

4o. ejemplo (inverso): dado cot $a = 2{,}35000$; búscase a.

En el registro encontramos 2,31. Con las páginas correspondientes calculamos:

dado		2,35000	
de la tabla	$25{,}61^g$	2,35026	Dif.Tab.: –102
	Diferencia:	–26	
de la tablilla de Mult. 102	2	20,4	
sucesivamente,	5	–56	
Resultado: $\alpha = 25{.}6125^g$			

Cálculo con cotangentes de 0^g hasta 2^g. En este intervalo, los valores de las funciones y, con ellos también, las diferencias tabulares son muy grandes. No se puede interpolar linealmente. Aquí ayuda la función ($\alpha \cdot$ cot).

5o. ejemplo dado $\alpha = 0{,}2143^g$; búsquese cot α.
de $\alpha = 0{,}2143^g$ se obtiene el valor $\alpha \cdot \cot = 63{,}662^g$.
Luego, con auxilio de la máquina calculadora,
$\cot \alpha = 63{,}662 : 0{,}2143 = 297{,}07$.

6o. ejemplo (inverso): dado $\cot \alpha = 297{,}07$; búscase α.
Con $\alpha = 297{,}07$ se obtiene el valor $\alpha \cdot \cot = 63{,}662^g$.
Luego, con auxilio de la máquina calculadora,
$\alpha = 63{,}662 : 297{,}07 = 0{,}2143^g$.

Angulos comprendidos entre 100^g y 400^g. Las funciones de los ángulos comprendidos entre 100^g y 400^g se calculan con auxilio de la tabla siguiente:

Angulo	α	R + α	2 R + α	3 R + α
Cuadrante	I	II	III	IV
sen	+ sen	+ cos	– sen	– cos
cos	+ cos	– sen	– cos	+ sen
tg	+ tg	– cot	+ tg	– cot
cot	+ cot	– tg	+ cot	– tg

Por ejemplo, se busca el cos (2 R + α); en la línea cos y en la columna 2 R + α, encontramos $-\cos \alpha$, que es el valor a consultar en la tabla de funciones.

7o. ejemplo dado $327{,}345^g$; búscase el seno.

El valor del primer cuadrante lo tomamos como igual a α; por lo tanto, $\alpha = 27{,}345^g$. Luego se busca sen (3 R + α) que, según la tabla es igual a $-\cos \alpha$. Por lo tanto, para sen ($327{,}345^g$), tenemos que consultar el valor $-\cos$ ($27{,}345^g$). Según la tabla, el cos (27,345) es igual a 0,90916, por lo tanto sen ($327{,}345^g$) = –0,90916.

8o. ejemplo (inverso): dado sen $\alpha = -0{,}34147$; búscase α.

Según la tabla (1a. línea), el seno es negativo en los cuadrantes III y IV; existen, por lo tanto, 2 soluciones: α_1 y α_2.

En el I cuadrante se tiene $\alpha_1 = 222{,}185^g$,

en el IV cuadrante se tiene $\alpha_2 = 377{,}815^g$.

Por medio de un dibujo se determina el valor que tiene sentido práctio.
En tangentes y cotangentes se presentan también respectivamente 2 soluciones, las cuales indican, en orientaciones geodésicas, los rumbos opuestos de la recta en cuestión. En los problemas de corte o sección, es indiferente tomar un determinado valor o el giro de 200^g de éste.

Interpolación directa con dos cifras. La correspondiente hoja de operaciones está dada en el apéndice de la obra. El conjunto de aplicación está comprendido de 0 hasta 32, es decir, que resulta utilizable para todas las secciones poligonales.

entrada tabular = ángulo → función.
salida tabular = función → ángulo.

9o. ejemplo: dada $\alpha = 7{,}1087^g$; búscase sen α.

La tabla principal proporciona primeramente . . . . sen $(7{,}10^g) = 0{,}11130$
La hoja de operaciones (entrada tabular) proporciona la Dif. Tab. 15, en 87^{cc}, el . . . . complemento = 13

Resultado: sen α = 0,11143

Esta es la interpolación directa con dos cifras. No existen valores separados para 80^{cc} y 7^{cc}, ni sumas parciales ni redondeo, sólo un único valor complementario.

Otros ejemplos para la hoja de operaciones, entrada tabular.

Tenemos la diferencia tabular 15. Los complementos en la columna marginal valen como sigue:
de 0^{cc} a 3^{cc}: complemento 0; de 4^{cc} a 9^{cc}: complemento 1; de 10^{cc} a 16^{cc}: complemento 2; etc. – Se da, por ejemplo, 18^{cc}, entonces se localiza 18^{cc} en el espacio 17^{cc} a 23^{cc}; el complemento vale entonces 3. En 89^{cc} vale el complemento 13 (por lo tanto, 89 inclusive); en 90^{cc} vale el complemento 14.

10o. ejemplo (inverso): dado sen $\alpha = 0{,}11143$; búscase α.

La tabla principal da para 0,11130 el ángulo . . . . . . $7{,}10^g$ excedente 13;

La hoja de operaciones (salida tabular) da para el excedente 13, en la columna 15, los segundos (^{cc}) que todavia faltan 87

Resultado: $\alpha = 7{,}1087^g$

Aqui se ahorran operaciones adicionales.

PRÉFACE

Généralités. Les tables de registre évitent de perdre du temps à la recherche d'un nombre. On ouvre directement le livre à la bonne page. Autres avantages:

- les caractères d'imprimerie: chiffres Garamond au lieu des chiffres médiévaux

  0, 1, 2, 3, 4, 5, 6, 7, 8, 9

  qui donnent parfois lieu à la confusion de 0, 6, 9.

- tranquillité des lignes – papier-carton – couleur chamois – utilisation maximal du format DIN B 5 – pour les fonctions angulaires, une seule page par degré, ce qui évite de feuilleter – disposition pratique des chiffres, économie visuelle – bonne vue d'ensemble grâce à l'impression en deux couleurs – Tables de multiplication toujours au même endroit – Registre – Interpolation à deux unités directe pour sinus, cosinus, tangente (0^g – 50^g) et cotangente (50^g – 100^g).

Calcul rapide et sûr.

Domaine d'application. Les angles ne peuvent être calculés qu'en chiffres à cinq unités, à une précision de $0{,}001^g$, par exemple $78{,}456^g$. Pour une précision à une décimale de plus, cf. les tables à six unités.
Malgré cette règle très claire, les calculs sont parfois menés à une précision plus grande pour éviter les fautes dues à l'arrondissement. Les deux cas d'interpolation, $0{,}001^g$ et $0{,}0001^g$ sont pris en considération ici. Dans le domaine des différences tabulaires 0–32, on a même prévu, pour la première fois, une interpolation directe à deux unités. (cf. la feuille de calcul collée à la dernière page du livre).

Arrondir. Voici les règles qu'il convient d'observer lorsqu'on arrondit à des fins d'interpolation:

dernier chiffre	avant-dernier chiffre	Exemple
au-dessus de 5	arrondir vers l'unité	18,6 ≈ 19
au-dessous de 5	reste tel quel	18,4 ≈ 18
égal à 5	à ramener au chiffre pair	18,5 ≈ 18; 19,5 ≈ 20

Interpolation. Les valeurs intermédiaires peuvent être obtenues avec la règle à calculer ou la table de multiplication (en tête de chaque page) ou avec la machine à calculer. Pour les différences tabulaires à trois unités, commes elles se rencontrent pour Cotangente 6^g, 7^g, 20^g–25^g, il convient d'utiliser le moyen le plus rapide, la machine à calculer.
Pour les différences tabulaires jusqu'à 32, la rapidité du calcul peut être augmentée grâce à l'interpolation directe à deux unités; d'où facilité de calcul des traits polygonaux. S'aider de la feuille de calcul collée en fin de livre.

Calcul avec Sinus et Tangente. Sinus et Tangente sont des fonctions croissantes dans le premier cadran; la valeur de la fonction augmente de pas en pas. La différence tabulaire r o u g e est dans ce cas p o s i t i v e.

1er exemple: Est donné $\alpha = 7{,}1087^g$; on demande $\sin \alpha$.

A l'aide du registre, nous trouvons $\sin(7{,}10^g) = 0{,}11130$
différence tabulaire: + 15

Nous calculons à l'aide de la table de multiplication
$$\begin{cases} 0{,}8 \cdot (+15) = 12{,}0 \\ 0{,}07 \cdot (+15) = 1{,}05 \end{cases}$$

Résultat $\sin \alpha = 0{,}11143$.

Les valeurs de tangente sont calculées de manière semblable.

2ème exemple (inversion): Est donné $\mathrm{tang}\ \alpha = 2{,}54600$ on demande α.
Le registre nous donne, en petits chiffres, la fonction de tangente 2,52. Nous ouvrons la page correspondante et calculons:

donné		2,54600	
A l'aide de la table	$76{,}17^g$ . . .	2,54555	diff.tabul.: +118
	Différence	45	
A l'aide de la table de mult. 118	3	35,4	
en outre	8	96	
Résultat α =	$76{,}1738^g$		

Calcul avec Cosinus et Cotangente. Cosinus et Cotangente sont des fonctions décroissantes dans le premier cadran; la valeur de la fonction diminue de pas en pas. La différence tabulaire rouge est dans ce cas négative.

3ème exemple: Est donné $\alpha = 92{,}8913^g$; on demande $\cos \alpha$.

A l'aide du registre, nous trouvons $\cos(92{,}89^g) = 0{,}11145$
différence tabulaire: −15

A l'aide de la table de multiplication, nous trouvons
$$\begin{cases} 0{,}1 \cdot (-15) = -1{,}5 \\ 0{,}03 \cdot (-15) = -0{,}45 \end{cases}$$

Resultat $\cos \alpha = 0{,}11143$.

Les valeurs de cotangente sont calculées de manière analogue.

4ème exemple (inversion): Est donné $\mathrm{cotg}\ \alpha = 2{,}35000$ on demande α.

Dans le registre, nous trouvons 2,31. Sur la page correspondante, nous calculons:

Donné		2,35000	
Avec la table	$25{,}61^g$	2,35026	diff.tabul.: −102
	Différence	−26	
Avec la table de		20,4	
mult. 102	2	−56	
ainsi que	5		
Résultat α =	$25{,}6125^g$		

Calcul avec cotg dans le domaine 0^g à 2^g. Dans ce domaine, les valeurs des fonctions et partant les différences tabulaires sont très grandes. On ne peut plus procéder à des interpolations linéaires. Il faut recourir à la fonction ($\alpha \cdot$ ctg).

5ème exemple: Est donné $\alpha = 0{,}2143^g$; on demande $\mathrm{cotg}\ \alpha$.
Obtenir avec $\alpha = 0{,}2143^g$ la valeur $\alpha \cdot \mathrm{ctg} = 63{,}662^g$.
Puis, (avec la machine), calculer
$\mathrm{cotg}\ \alpha = 63{,}662 : 0{,}2143 = 297{,}07$.

6ème *exemple* (inversion):

Est donné cotg α = 297,07 on demande α.
Obtenir avec cotg α = 297,07 la valeur α ctg = $63{,}662^g$.
Puis (avec la machine) calculer
$\alpha = 63{,}662 : 297{,}07 = 0{,}2143^g$.

Angles entre 100^g et 400^g. Les fonctions correspondant à des angles entres 100^g et 400^g peuvent s'obtenir à l'aide de la table suivante:

Angle	α	R + α	2 R + α	3 R + α
Cadran	I	II	III	IV
sin	+ sin	+ cos	− sin	− cos
cos	+ cos	− sin	− cos	+ sin
tang	+ tang	− cotg	+ tang	− cotg
cotg	+ cotg	− tang	+ cotg	− tang

Si l'on cherche p.ex. cos (2R + α), on trouve dans la ligne du cosinus et dans la colonne 2R + α, qu'il faut ouvrir la table des fonctions à −cos α.

7ème *exemple:* Est donné $327{,}345^g$ on demande le sinus.

Nous posons la valeur figurant dans le premier cadran = α; donc $\alpha = 27{,}345^g$. Est alors cherché sin (3R + α); d'après la table, ceci est égal à −cos α. Nous avons donc pour sin ($327{,}345^g$) à rechercher la valeur −cos ($27{,}345^g$). D'après la table, cos (27,345) est égal à 0,90916, donc sin ($327{,}345^g$) = -0,90916.

8ème *exemple* (inversion): Est donné α = −0,34147, on demande α.

D'après la table (ligne 1), le sinus est négatif dans les cadrans III et IV. Il y a donc deux solutions α_1 et α_2.

Dans le cadran III on trouve $\alpha_1 = 222{,}185^g$,

Dans le cadran IV on trouve $\alpha_2 = 377{,}815^g$.

Un dessin permettra de trouver quelle valeur a une signification pratique.
Pour la tangente et la cotangente, on trouvera également deux solutions. Pour les directions géodésiques, ces solutions indiquent les directions opposées des droites considérées. Pour des travaux de coupe, il importe peu que l'on prenne telle valeur ou sa valeur inversée de 200^g.

Interpolation directe à deux unités. La feuille de calcul correspondante figure dans l'annexe. Domaine d'application: différences tabulaires de 0 à 32; utilisable par conséquent pour tous les traits polygonaux.

Entrée de la table = angle → fonction.
Sortie de la table = fonction → angle.

9ème *exemple:* Est donné $\alpha = 7{,}1087^g$; on demande sin α.

La table principale ne fournit d'abord que sin ($7{,}10^g$) = 0,11130
La feuille de calcul (entrée) de donne pour
la différence tabulaire 15 pour 87^{cc}

la valeur ajoutée = 13

Résultat sin α = 0,11143

C'est là l'interpolation directe à deux unités. Pas de valeur ajoutée séparée pour 80^{cc} et 7^{cc}, pas d'addition partielle, pas d'arrondissement, mais une seule opération!

Autres exemples pour la feuille à calculer, entrée de la table.

Nous considérons la différence tabulaire 15. Les valeurs ajoutées dans la colonne marginale sont les suivantes:
De 0^{cc}–3^{cc} : 0; de 4^{cc}–9^{cc} : 1; de 10^{cc}–16^{cc} : 2, etc. – A-t-on par exemple 18^{cc}, alors cette valeur se trouve dans l'intervalle 17^{cc}–23^{cc}; la valeur ajoutée sera donc 3. – Pour 89^{cc} on aura la valeur ajoutée 13 (donc 89 inclus); pour 90^{cc}, on aura la valeur ajoutée 14.

10ème exemple (inversion): Est donné $a = 0{,}11143$ on demande α.

La table principale fournit pour 0,11130 l'angle $7{,}10^{g}$ excédent 13
La feuille de calcul (sortie de table) donne
pour l'excédent 13 dans la colonne 15 les
secondes (^{cc}) manquantes 87

Résultat α = $7{,}1087^{g}$

Ici aussi, on économise des opérations supplémentaires.

Mathematische Festwerte

$\pi = 3{,}14159\ 26536$ $\quad$ $e = 2{,}71828\ 18285$ $\quad$ $M = 0{,}43429\ 44819$

$1:\ \pi = 0{,}31830\ 98862$ $\quad$ $1:\ e = 0{,}36787\ 94412$ $\quad$ $1:\ M = 2{,}30258\ 50930$

Alt- und Neuteilung:

$$1^0 = \frac{90^g}{81} = 1{,}111\ 111\ 11(1)\ldots^g$$

$$1' = \frac{150}{81}\,0{,}01^g = 1{,}851\ 851\ (851)\ \ldots^c$$

$$1'' = \frac{250}{81}\,0{,}0001^g = 3{,}(086\ 419\ 753)\ldots^{cc}$$

Bogenmaß und Neuteilung:

$$\text{arc } 1^g = 0{,}01570\ 79633 = \pi : 200$$
$$\text{arc } 1^c = 0{,}00015\ 70796 = \pi : 20\ 000$$
$$\text{arc } 1^{cc} = 0{,}00000\ 15708 = \pi : 2\ 000\ 000$$
$$\varrho^g = 63{,}661977^g = 200^g : \pi$$
$$\varrho^c = 6366{,}20^c = 20\ 000^c : \pi$$
$$\varrho^{cc} = 636620^{cc} = 2\ 000\ 000^{cc} : \pi$$

Winkelumwandlung von Alt- in Neuteilung (Grad in Gon)

Altgrad (⁰)

	0⁰	1⁰	2⁰	3⁰	4⁰	5⁰	6⁰	7⁰	8⁰	9⁰
	g	g	g	g	g	g	g	g	g	g
00⁰	0	1,1...	2,2...	3,3...	4,4...	5,5...	6,6...	7,7...	8,8...	10
10	11,1...	12,2...	13,3...	14,4...	15,5...	16,6...	17,7...	18,8...	20	21,1...
20	22,2...	23,3...	24,4...	25,5...	26,6...	27,7...	28,8...	30	31,1...	32,2...
30	33,3...	34,4...	35,5...	36,6...	37,7...	38,8...	40	41,1...	42,2...	43,3...
40	44,4...	45,5...	46,6...	47,7...	48,8...	50	51,1...	52,2...	53,3...	54,4...
50	55,5...	56,6...	57,7...	58,8...	60	61,1...	62,2...	63,3...	64,4...	65,5...
60	66,6...	67,7...	68,8...	70	71,1...	72,2...	73,3...	74,4...	75,5...	76,6...
70	77,7...	78,8...	80	81,1...	82,2...	83,3...	84,4...	85,5..,	86,6...	87,7...
80	88,8...	90	91,1...	92,2...	93,3...	94,4...	95,5...	96,6...	97,7...	98,8...
90	100									

Altminuten (′)

	0′	1′	2′	3′	4′	5′	6′	7′	8′	9′
	g	g	g	g	g	g	g	g	g	g
00	0,00000	0,01852	0,03704	0,05556	0,07407	0,09259	0,11111	0,12963	0,14815	0,16667
10	0,18519	0,20370	0,22222	0,24074	0,25926	0,27778	0,29630	0,31481	0,33333	0,35185
20	0,37037	0,38889	0,40741	0,42593	0,44444	0,46296	0,48148	0,50000	0,51852	0,53704
30	0,55556	0,57407	0,59259	0,61111	0,62963	0,64815	0,66667	0,68519	0,70370	0,72222
40	0,74074	0,75926	0,77778	0,79630	0,81481	0,83333	0,85185	0,87037	0,88889	0,90741
50	0,92593	0,94444	0,96296	0,98148	1,00000	1,01852	1,03704	1,05556	1,07407	1,09259

Altsekunden (″)

	0″	1″	2″	3″	4″	5″	6″	7″	8″	9″
	g	g	g	g	g	g	g	g	g	g
00″	0,00000	0,00031	0,00062	0,00093	0,00123	0,00154	0,00185	0,00216	0,00247	0,00278
10	0,00309	0,00340	0,00370	0,00401	0,00432	0,00463	0,00494	0,00525	0,00556	0,00586
20	0,00617	0,00648	0,00679	0,00710	0,00741	0,00772	0,00802	0,00833	0,00864	0,00895
30	0,00926	0,00957	0,00988	0,01019	0,01049	0,01080	0,01111	0,01142	0,01173	0,01204
40	0,01235	0,01265	0,01296	0,01327	0,01358	0,01389	0,01420	0,01451	0,01481	0.01512
50	0,01543	0,01574	0,01605	0,01636	0,01667	0,01698	0,01728	0,01759	0,01790	0,01821
60	0,01852									

cc	15	16	cc
10	1,5	1,6	10
20	3,0	3,2	20
30	4,5	4,8	30
40	6,0	6,4	40
50	7,5	8,0	50
60	9,0	9,6	60
70	10,5	11,2	70
80	12,0	12,8	80
90	13,5	14,4	90

Gesucht: cotg ($0{,}2143^g$). Entnimm mit $\alpha = 0{,}2143^g$ den Wert $\alpha \cdot \text{cotg} = 63{,}662^g$. Dann ist (mit Rechenmaschine) $\text{cotg}\,\alpha = 63{,}662 : 0{,}2143 = 297{,}07$.

Gesucht: α, wenn $\text{cotg}\,\alpha = 297{,}07$. Entnimm mit $\text{cotg}\,\alpha = 297{,}07$ den Wert $\alpha \cdot \text{cotg} = 63{,}662^g$. Dann ist $\alpha = 63{,}662 : 297{,}07 = 0{,}2143^g$.

0g

c	sin 0,	d	tang 0,	d	cotg	α·cotg	cos	
0	00000	16	00000	16	Infin.	63,662	1,00...	100
1	016	15	016	15	6366	662	000	99
2	031	16	031	16	3183	662	000	98
3	047	16	047	16	2122	662	000	97
4	063	16	063	16	1592	662	000	96
5	079	15	079	15	1273	662	000	95
6	094	16	094	16	1061	662	000	94
7	110	16	110	16	909,5	662	000	93
8	126	15	126	15	795,8	662	000	92
9	141	16	141	16	707,4	662	000	91
10	00157	16	00157	16	636,6	63,662	1,00...	90
11	173	15	173	15	578,7	662	000	89
12	188	16	188	16	530,5	662	000	88
13	204	16	204	16	489,7	662	000	87
14	220	16	220	16	454,7	662	000	86
15	236	15	236	15	424,4	662	000	85
16	251	16	251	16	397,9	662	000	84
17	267	16	267	16	374,5	662	000	83
18	283	15	283	15	353,7	662	000	82
19	298	16	298	16	335,1	662	000	81
20	00314	16	00314	16	318,3	63,662	1,00...	80
21	330	16	330	16	303,2	662	99999	79
22	346	15	346	15	289,4	662	999	78
23	361	16	361	16	276,8	662	999	77
24	377	16	377	16	265,3	662	999	76
25	393	15	393	15	254,6	662	999	75
26	408	16	408	16	244,9	662	999	74
27	424	16	424	16	235,8	662	999	73
28	440	16	440	16	227,4	662	999	72
29	456	15	456	15	219,5	662	999	71
30	00471	16	00471	16	212,2	63,662	99999	70
31	487	16	487	16	205,4	661	999	69
32	503	15	503	15	198,9	661	999	68
33	518	16	518	16	192,9	661	999	67
34	534	16	534	16	187,2	661	999	66
35	550	15	550	15	181,9	661	998	65
36	565	16	565	16	176,8	661	998	64
37	581	16	581	16	172,1	661	998	63
38	597	16	597	16	167,5	661	998	62
39	613	15	613	15	163,2	661	998	61
40	00628	16	00628	16	159,2	63,661	99998	60
41	644	16	644	16	155,3	661	998	59
42	660	15	660	15	151,6	661	998	58
43	675	16	675	16	148,0	661	998	57
44	691	16	691	16	144,7	661	998	56
45	707	16	707	16	141,5	661	998	55
46	723	15	723	15	138,4	661	997	54
47	738	16	738	16	135,4	661	997	53
48	754	16	754	16	132,6	661	997	52
49	770	15	770	15	129,9	661	997	51
50	00785		00785		127,3	63,661	99997	50
	cos 0,		cotg 0,		tang		sin 0,	

c	sin 0,	d	tang 0,	d	cotg	α·cotg	cos 0,	
50	00785	16	00785	16	127,3	63,661	99997	50
51	801	16	801	16	124,8	661	997	49
52	817	16	817	16	122,4	661	997	48
53	833	15	833	15	120,1	661	997	47
54	848	16	848	16	117,9	660	996	46
55	864	16	864	16	115,7	660	996	45
56	880	15	880	15	113,7	660	996	44
57	895	16	895	16	111,7	660	996	43
58	911	16	911	16	109,8	660	996	42
59	927	15	927	16	107,9	660	996	41
60	00942	16	00943	15	106,1	63,660	99996	40
61	958	16	958	16	104,4	660	995	39
62	974	16	974	16	102,7	660	995	38
63	00990	15	00990	15	101,0	660	995	37
64	01005	16	01005	16	99,47	660	995	36
65	021	16	021	16	97,94	660	995	35
66	037	15	037	15	96,45	660	995	34
67	052	16	052	16	95,01	660	994	33
68	068	16	068	16	93,62	660	994	32
69	084	16	084	16	92,26	659	994	31
70	01100	15	01100	15	90,94	63,659	99994	30
71	115	16	115	16	89,66	659	994	29
72	131	16	131	16	88,42	659	994	28
73	147	15	147	15	87,20	659	993	27
74	162	16	162	16	86,03	659	993	26
75	178	16	178	16	84,88	659	993	25
76	194	15	194	16	83,76	659	993	24
77	209	16	210	15	82,67	659	993	23
78	225	16	225	16	81,61	659	992	22
79	241	16	241	16	80,58	659	992	21
80	01257	15	01257	15	79,57	63,659	99992	20
81	272	16	272	16	78,59	659	992	19
82	288	16	288	16	77,63	658	992	18
83	304	15	304	16	76,70	658	992	17
84	319	16	320	15	75,78	658	991	16
85	335	16	335	16	74,89	658	991	15
86	351	16	351	16	74,02	658	991	14
87	367	15	367	15	73,17	658	991	13
88	382	16	382	16	72,34	658	990	12
89	398	16	398	16	71,53	658	990	11
90	01414	15	01414	16	70,73	63,658	99990	10
91	429	16	430	15	69,95	658	990	9
92	445	16	445	16	69,19	658	990	8
93	461	15	461	16	68,45	657	989	7
94	476	16	477	15	67,72	657	989	6
95	492	16	492	16	67,01	657	989	5
96	508	16	508	16	66,31	657	989	4
97	524	15	524	16	65,63	657	988	3
98	539	16	540	15	64,96	657	988	2
99	555	16	555	16	64,30	657	988	1
100	01571		01571		63,66	63,657	99988	0
	cos 0,		cotg 0,		tang		sin 0,	c

99g

cc	15	16	cc
10	1,5	1,6	10
20	3,0	3,2	20
30	4,5	4,8	30
40	6,0	6,4	40
50	7,5	8,0	50
60	9,0	9,6	60
70	10,5	11,2	70
80	12,0	12,8	80
90	13,5	14,4	90

Gesucht: cotg (1,5678ᵍ). Entnimm mit α = 1,5678ᵍ den Wert $\alpha \cdot$cotg = 63,649ᵍ. Dann ist (mit Rechenmaschine) cotg α = 63,649 : 1,5678 = 40,958.

Gesucht: α, wenn cotg α = 40,598. Entnimm mit cotg α = 40,598 den Wert $\alpha \cdot$cotg = 63,649. Dann ist α = 63,649 : 40,598 = 1,5678ᵍ.

0 98
0,00 31,8

1ᵍ

c	sin 0,	d	tang 0,	d	cotg	$\alpha \cdot$cotg	cos 0,	
0	01571	15	01571	16	63,66	63,657	99988	100
1	586	16	587	15	63,03	657	987	99
2	602	16	602	16	62,41	657	987	98
3	618	16	618	16	61,80	656	987	97
4	634	15	634	15	61,21	656	987	96
5	649	16	649	16	60,62	656	986	95
6	665	16	665	16	60,05	656	986	94
7	681	15	681	16	59,49	656	986	93
8	696	16	697	15	58,94	656	986	92
9	712	16	712	16	58,40	656	985	91
10	01728	15	01728	16	57,87	63,656	99985	90
11	743	16	744	15	57,35	656	985	89
12	759	16	759	16	56,84	655	985	88
13	775	16	775	16	56,33	655	984	87
14	791	15	791	16	55,84	655	984	86
15	806	16	807	15	55,35	655	984	85
16	822	16	822	16	54,87	655	983	84
17	838	15	838	16	54,41	655	983	83
18	853	16	854	15	53,94	655	983	82
19	869	16	869	16	53,49	655	983	81
20	01885	16	01885	16	53,05	63,654	99982	80
21	901	15	901	16	52,61	654	982	79
22	916	16	917	15	52,18	654	982	78
23	932	16	932	16	51,75	654	981	77
24	948	15	948	16	51,33	654	981	76
25	963	16	964	15	50,92	654	981	75
26	979	16	979	16	50,52	654	980	74
27	01995	15	01995	16	50,12	654	980	73
28	02010	16	02011	16	49,73	653	980	72
29	026	16	027	15	49,34	653	979	71
30	02042	16	02042	16	48,96	63,653	99979	70
31	058	15	058	16	48,59	653	979	69
32	073	16	074	15	48,22	653	979	68
33	089	16	089	16	47,86	653	978	67
34	105	15	105	16	47,50	653	978	66
35	120	16	121	16	47,15	652	978	65
36	136	16	137	15	46,80	652	977	64
37	152	16	152	16	46,46	652	977	63
38	168	15	168	16	46,12	652	977	62
39	183	16	184	15	45,79	652	976	61
40	02199	16	02199	16	45,47	63,652	99976	60
41	215	15	215	16	45,14	652	975	59
42	230	16	231	16	44,82	651	975	58
43	246	16	247	15	44,51	651	975	57
44	262	15	262	16	44,20	651	974	56
45	277	16	278	16	43,90	651	974	55
46	293	16	294	15	43,60	651	974	54
47	309	16	309	16	43,30	651	973	53
48	325	15	325	16	43,01	651	973	52
49	340	16	341	16	42,72	650	973	51
50	02356		02357		42,43	63,650	99972	50
	cos 0,		cotg 0,		tang		sin 0,	

	sin 0,	d	tang 0,	d	cotg	$\alpha \cdot$cotg	cos 0,	
50	02356	16	02357	15	42,43	63,650	99972	50
51	372	15	372	16	42,15	650	972	49
52	387	16	388	16	41,87	650	971	48
53	403	16	404	15	41,60	650	971	47
54	419	15	419	16	41,33	650	971	46
55	434	16	435	16	41,06	649	970	45
56	450	16	451	16	40,80	649	970	44
57	466	16	467	15	40,54	649	970	43
58	482	15	482	16	40,28	649	969	42
59	497	16	498	16	40,03	649	969	41
60	02513	16	02514	16	39,78	63,649	99968	40
61	529	15	530	15	39,53	648	968	39
62	544	16	545	16	39,29	648	968	38
63	560	16	561	16	39,05	648	967	37
64	576	16	577	15	38,81	648	967	36
65	592	15	592	16	38,57	648	966	35
66	607	16	608	16	38,34	648	966	34
67	623	16	624	16	38,11	647	966	33
68	639	15	640	15	37,89	647	965	32
69	654	16	655	16	37,66	647	965	31
70	02670	16	02671	16	37,44	63,647	99964	30
71	686	15	687	15	37,22	647	964	29
72	701	16	702	16	37,00	646	964	28
73	717	16	718	16	36,79	646	963	27
74	733	16	734	16	36,58	646	963	26
75	749	15	750	15	36,37	646	962	25
76	764	16	765	16	36,16	646	962	24
77	780	16	781	16	35,96	646	961	23
78	796	15	797	15	35,76	645	961	22
79	811	16	812	16	35,56	645	960	21
80	02827	16	02828	16	35,36	63,645	99960	20
81	843	15	844	16	35,16	645	960	19
82	858	16	860	15	34,97	645	959	18
83	874	16	875	16	34,78	644	959	17
84	890	16	891	16	34,59	644	958	16
85	906	15	907	16	34,40	644	958	15
86	921	16	923	15	34,22	644	957	14
87	937	16	938	16	34,03	644	957	13
88	953	15	954	16	33,85	643	956	12
89	968	16	970	15	33,67	643	956	11
90	02984	16	02985	16	33,50	63,643	99955	10
91	03000	15	03001	16	33,32	643	955	9
92	015	16	017	16	33,15	643	955	8
93	031	16	033	15	32,98	642	954	7
94	047	16	048	16	32,81	642	954	6
95	063	15	064	16	32,64	642	953	5
96	078	16	080	15	32,47	642	953	4
97	094	16	095	16	32,31	642	952	3
98	110	15	111	16	32,14	641	952	2
99	125	16	127	16	31,98	641	951	1
100	03141		03143		31,82	63,641	99951	0
	cos 0,		cotg 0,		tang		sin 0,	c

98ᵍ

	15	16	39	40	41	42	43	44	45	46	47	48	49	50	51	52	53	54	
1	1,5	1,6	3,9	4,0	4,1	4,2	4,3	4,4	4,5	4,6	4,7	4,8	4,9	5,0	5,1	5,2	5,3	5,4	1
2	3,0	3,2	7,8	8,0	8,2	8,4	8,6	8,8	9,0	9,2	9,4	9,6	9,8	10,0	10,2	10,4	10,6	10,8	2
3	4,5	4,8	11,7	12,0	12,3	12,6	12,9	13,2	13,5	13,8	14,1	14,4	14,7	15,0	15,3	15,6	15,9	16,2	3
4	6,0	6,4	15,6	16,0	16,4	16,8	17,2	17,6	18,0	18,4	18,8	19,2	19,6	20,0	20,4	20,8	21,2	21,6	4
5	7,5	8,0	19,5	20,0	20,5	21,0	21,5	22,0	22,5	23,0	23,5	24,0	24,5	25,0	25,5	26,0	26,5	27,0	5
6	9,0	9,6	23,4	24,0	24,6	25,2	25,8	26,4	27,0	27,6	28,2	28,8	29,4	30,0	30,6	31,2	31,8	32,4	6
7	10,5	11,2	27,3	28,0	28,7	29,4	30,1	30,8	31,5	32,2	32,9	33,6	34,3	35,0	35,7	36,4	37,1	37,8	7
8	12,0	12,8	31,2	32,0	32,8	33,6	34,4	35,2	36,0	36,8	37,6	38,4	39,2	40,0	40,8	41,6	42,4	43,2	8
9	13,5	14,4	35,1	36,0	36,9	37,8	38,7	39,6	40,5	41,4	42,3	43,2	44,1	45,0	45,9	46,8	47,7	48,6	9

2g

c	sin 0,	d	tang 0,	d	cotg	α·ctg	cos 0,	
0	03141		03143		31,82	63,641	99951	100
1	157	16	158	15	31,66	641	950	99
2	172	15	174	16	31,51	641	950	98
3	188	16	190	16	31,35	640	949	97
4	204	16	206	16	31,20	640	949	96
5	220	16	221	15	31,04	640	948	95
6	235	15	237	16	30,89	640	948	94
7	251	16	253	16	30,74	640	947	93
8	267	16	268	15	30,60	639	947	92
9	282	15	284	16	30,45	639	946	91
10	03298	16	03300	16	30,30	63,639	99946	90
11	314	16	316	16	30,16	639	945	89
12	329	15	331	15	30,02	638	945	88
13	345	16	347	16	29,88	638	944	87
14	361	16	363	16	29,74	638	944	86
15	377	16	378	15	29,60	638	943	85
16	392	15	394	16	29,46	638	942	84
17	408	16	410	16	29,33	637	942	83
18	424	16	426	16	29,19	637	941	82
19	439	15	441	15	29,06	637	941	81
20	03455	16	03457	16	28,93	63,637	99940	80
21	471	16	473	16	28,79	636	940	79
22	486	15	489	16	28,66	636	939	78
23	502	16	504	15	28,54	636	939	77
24	518	16	520	16	28,41	636	938	76
25	534	16	536	16	28,28	635	938	75
26	549	15	551	15	28,16	635	937	74
27	565	16	567	16	28,03	635	936	73
28	581	16	583	16	27,91	635	936	72
29	596	15	599	16	27,79	635	935	71
30	03612	16	03614	15	27,67	63,634	99935	70
31	628	16	630	16	27,55	634	934	69
32	643	15	646	16	27,43	634	934	68
33	659	16	662	16	27,31	634	933	67
34	675	16	677	15	27,19	633	932	66
35	691	16	693	16	27,08	633	932	65
36	706	15	709	16	26,96	633	931	64
37	722	16	725	16	26,85	633	931	63
38	738	16	740	15	26,74	632	930	62
39	753	15	756	16	26,62	632	930	61
40	03769	16	03772	16	26,51	63,632	99929	60
41	785	16	787	15	26,40	632	928	59
42	800	15	803	16	26,29	631	928	58
43	816	16	819	16	26,19	631	927	57
44	832	16	835	16	26,08	631	927	56
45	848	16	850	15	25,97	631	926	55
46	863	15	866	16	25,87	630	925	54
47	879	16	882	16	25,76	630	925	53
48	895	16	898	16	25,66	630	924	52
49	910	15	913	15	25,55	630	924	51
50	03926	16	03929	16	25,45	63,629	99923	50
	cos 0,		cotg 0,		tang		sin 0,	

	sin 0,	d	tang 0,	d	cotg	α·ctg	cos 0,	
50	03926		03929		25,45	63,629	99923	50
51	942	16	945	16	25,35	629	922	49
52	957	15	960	15	25,25	629	922	48
53	973	16	976	16	25,15	628	921	47
54	03989	16	03992	16	25,05	628	920	46
55	04004	15	04008	16	24,95	628	920	45
56	020	16	023	15	24,85	628	919	44
57	036	16	039	16	24,76	627	919	43
58	052	16	055	16	24,66	627	918	42
59	067	15	071	16	24,57	627	917	41
60	04083	16	04086	15	24,47	63,627	99917	40
61	099	16	102	16	24,38	626	916	39
62	114	15	118	16	24,28	626	915	38
63	130	16	134	16	24,19	626	915	37
64	146	16	149	15	24,10	625	914	36
65	161	15	165	16	24,01	625	913	35
66	177	16	181	16	23,92	625	913	34
67	193	16	196	15	23,83	625	912	33
68	208	15	212	16	23,74	624	911	32
69	224	16	228	16	23,65	624	911	31
70	04240	16	04244	16	23,56	63,624	99910	30
71	256	16	259	15	23,48	624	909	29
72	271	15	275	16	23,39	623	909	28
73	287	16	291	16	23,31	623	908	27
74	303	16	307	16	23,22	623	907	26
75	318	15	322	15	23,14	622	907	25
76	334	16	338	16	23,05	622	906	24
77	350	16	354	16	22,97	622	905	23
78	365	15	370	16	22,89	621	905	22
79	381	16	385	15	22,80	621	904	21
80	04397	16	04401	16	22,72	63,621	99903	20
81	413	16	417	16	22,64	621	903	19
82	428	15	433	16	22,56	620	902	18
83	444	16	448	15	22,48	620	901	17
84	460	16	464	16	22,40	620	901	16
85	475	15	480	16	22,32	619	900	15
86	491	16	496	16	22,24	619	899	14
87	507	16	511	15	22,17	619	898	13
88	522	15	527	16	22,09	619	898	12
89	538	16	543	16	22,01	618	897	11
90	04554	16	04558	15	21,94	63,618	99896	10
91	569	15	574	16	21,86	618	896	9
92	585	16	590	16	21,79	617	895	8
93	601	16	606	16	21,71	617	894	7
94	616	15	621	15	21,64	617	893	6
95	632	16	637	16	21,56	616	893	5
96	648	16	653	16	21,49	616	892	4
97	664	16	669	16	21,42	616	891	3
98	679	15	684	15	21,35	615	890	2
99	695	16	700	16	21,28	615	890	1
100	04711	16	04716	16	21,20	63,615	99889	0
	cos 0,		cotg 0,		tang		sin 0,	c

97g

	55	56	57	58	59	60	61	62	63	64	65	66	67	68	69	70	71	
1	5,5	5,6	5,7	5,8	5,9	6,0	6,1	6,2	6,3	6,4	6,5	6,6	6,7	6,8	6,9	7,0	7,1	1
2	11,0	11,2	11,4	11,6	11,8	12,0	12,2	12,4	12,6	12,8	13,0	13,2	13,4	13,6	13,8	14,0	14,2	2
3	16,5	16,8	17,1	17,4	17,7	18,0	18,3	18,6	18,9	19,2	19,5	19,8	20,1	20,4	20,7	21,0	21,3	3
4	22,0	22,4	22,8	23,2	23,6	24,0	24,4	24,8	25,2	25,6	26,0	26,4	26,8	27,2	27,6	28,0	28,4	4
5	27,5	28,0	28,5	29,0	29,5	30,0	30,5	31,0	31,5	32,0	32,5	33,0	33,5	34,0	34,5	35,0	35,5	5
6	33,0	33,6	34,2	34,8	35,4	36,0	36,6	37,2	37,8	38,4	39,0	39,6	40,2	40,8	41,4	42,0	42,6	6
7	38,5	39,2	39,9	40,6	41,3	42,0	42,7	43,4	44,1	44,8	45,5	46,2	46,9	47,6	48,3	49,0	49,7	7
8	44,0	44,8	45,6	46,4	47,2	48,0	48,8	49,6	50,4	51,2	52,0	52,8	53,6	54,4	55,2	56,0	56,8	8
9	49,5	50,4	51,3	52,2	53,1	54,0	54,9	55,8	56,7	57,6	58,5	59,4	60,3	61,2	62,1	63,0	63,9	9

3^g

c	sin 0,	d	tang 0,	d	cotg	d	cos 0,	d	
0	04711	15	04716	16	21,205	71	99889	1	100
1	726	16	732	15	134	70	888	0	99
2	742	16	747	16	21,064	69	888	1	98
3	758	15	763	16	20,995	69	887	1	97
4	773	16	779	16	926	69	886	1	96
5	789	16	795	15	857	68	885	0	95
6	805	15	810	16	789	68	885	1	94
7	820	16	826	16	721	68	884	1	93
8	836	16	842	16	653	67	883	1	92
9	852	16	858	15	586	66	882	1	91
10	04868	15	04873	16	20,520	66	99881	0	90
11	883	16	889	16	454	66	881	1	89
12	899	16	905	16	388	65	880	1	88
13	915	15	921	15	323	65	879	1	87
14	930	16	936	16	258	64	878	0	86
15	946	16	952	16	194	64	878	1	85
16	962	15	968	16	130	64	877	1	84
17	977	16	984	15	066	63	876	1	83
18	04993	16	04999	16	20,003	63	875	1	82
19	05009	15	05015	16	19,940	62	874	0	81
20	05024	16	05031	16	19,878	62	99874	1	80
21	040	16	047	15	816	62	873	1	79
22	056	15	062	16	754	61	872	1	78
23	071	16	078	16	693	61	871	0	77
24	087	16	094	16	632	61	871	1	76
25	103	16	110	15	571	60	870	1	75
26	119	15	125	16	511	60	869	1	74
27	134	16	141	16	451	59	868	1	73
28	150	16	157	16	392	59	867	1	72
29	166	15	173	15	333	59	866	0	71
30	05181	16	05188	16	19,274	58	99866	1	70
31	197	16	204	16	216	58	865	1	69
32	213	15	220	16	158	58	864	1	68
33	228	16	236	15	100	57	863	1	67
34	244	16	251	16	19,043	57	862	0	66
35	260	15	267	16	18,986	57	862	1	65
36	275	16	283	16	929	56	861	1	64
37	291	16	299	15	873	56	860	1	63
38	307	15	314	16	817	55	859	1	62
39	322	16	330	16	762	56	858	1	61
40	05338	16	05346	16	18,706	55	99857	0	60
41	354	16	362	15	651	54	857	1	59
42	370	15	377	16	597	55	856	1	58
43	385	16	393	16	542	54	855	1	57
44	401	16	409	16	488	53	854	1	56
45	417	15	425	15	435	54	853	1	55
46	432	16	440	16	381	53	852	1	54
47	448	16	456	16	328	53	851	0	53
48	464	15	472	16	275	52	851	1	52
49	479	16	488	15	223	52	850	1	51
50	05495		05503		18,171		99849		50
	cos 0,		cotg 0,		tang		sin 0,		

	sin 0,	d	tang 0,	d	cotg	d	cos 0,	d	
50	05495	16	05503	16	18,171	52	99849	1	50
51	511	15	519	16	119	52	848	1	49
52	526	16	535	16	067	51	847	1	48
53	542	16	551	15	18,016	51	846	1	47
54	558	15	566	16	17,965	51	845	0	46
55	573	16	582	16	914	50	845	1	45
56	589	16	598	16	864	50	844	1	44
57	605	15	614	15	814	50	843	1	43
58	620	16	629	16	764	50	842	1	42
59	636	16	645	16	714	49	841	1	41
60	05652	16	05661	16	17,665	49	99840	1	40
61	668	15	677	15	616	49	839	1	39
62	683	16	692	16	567	48	838	1	38
63	699	16	708	16	519	49	837	0	37
64	715	15	724	16	470	47	837	1	36
65	730	16	740	15	423	48	836	1	35
66	746	16	755	16	375	48	835	1	34
67	762	15	771	16	327	47	834	1	33
68	777	16	787	16	280	47	833	1	32
69	793	16	803	15	233	46	832	1	31
70	05809	15	05818	16	17,187	47	99831	1	30
71	824	16	834	16	140	46	830	1	29
72	840	16	850	16	094	46	829	1	28
73	856	15	866	16	048	46	828	1	27
74	871	16	882	15	17,002	45	827	0	26
75	887	16	897	16	16,957	45	827	1	25
76	903	15	913	16	912	45	826	1	24
77	918	16	929	16	867	45	825	1	23
78	934	16	945	15	822	44	824	1	22
79	950	15	960	16	778	45	823	1	21
80	05965	16	05976	16	16,733	44	99822	1	20
81	981	16	05992	16	689	44	821	1	19
82	05997	16	06008	15	645	43	820	1	18
83	06013	15	023	16	602	43	819	1	17
84	028	16	039	16	559	44	818	1	16
85	044	16	055	16	515	42	817	1	15
86	060	15	071	15	473	43	816	1	14
87	075	16	086	16	430	43	815	1	13
88	091	16	102	16	387	42	814	1	12
89	107	15	118	16	345	42	813	1	11
90	06122	16	06134	16	16,303	42	99812	1	10
91	138	16	150	15	261	41	811	1	9
92	154	15	165	16	220	42	810	0	8
93	169	16	181	16	178	41	810	1	7
94	185	16	197	16	137	41	809	1	6
95	201	15	213	15	096	40	808	1	5
96	216	16	228	16	056	41	807	1	4
97	232	16	244	16	16,015	40	806	1	3
98	248	15	260	16	15,975	41	805	1	2
99	263	16	276	15	934	39	804	1	1
100	06279		06291		15,895		99803		0
	cos 0,		cotg 0,		tang		sin 0,		c

96^g

2 96
0,03 15,8

	15	16	25	26	27	28	29	30	31	32	33	34	35	36	37	38	39	40	
1	1,5	1,6	2,5	2,6	2,7	2,8	2,9	3,0	3,1	3,2	3,3	3,4	3,5	3,6	3,7	3,8	3,9	4,0	1
2	3,0	3,2	5,0	5,2	5,4	5,6	5,8	6,0	6,2	6,4	6,6	6,8	7,0	7,2	7,4	7,6	7,8	8,0	2
3	4,5	4,8	7,5	7,8	8,1	8,4	8,7	9,0	9,3	9,6	9,9	10,2	10,5	10,8	11,1	11,4	11,7	12,0	3
4	6,0	6,4	10,0	10,4	10,8	11,2	11,6	12,0	12,4	12,8	13,2	13,6	14,0	14,4	14,8	15,2	15,6	16,0	4
5	7,5	8,0	12,5	13,0	13,5	14,0	14,5	15,0	15,5	16,0	16,5	17,0	17,5	18,0	18,5	19,0	19,5	20,0	5
6	9,0	9,6	15,0	15,6	16,2	16,8	17,4	18,0	18,6	19,2	19,8	20,4	21,0	21,6	22,2	22,8	23,4	24,0	6
7	10,5	11,2	17,5	18,2	18,9	19,6	20,3	21,0	21,7	22,4	23,1	23,8	24,5	25,2	25,9	26,6	27,3	28,0	7
8	12,0	12,8	20,0	20,8	21,6	22,4	23,2	24,0	24,8	25,6	26,4	27,2	28,0	28,8	29,6	30,4	31,2	32,0	8
9	13,5	14,4	22,5	23,4	24,3	25,2	26,1	27,0	27,9	28,8	29,7	30,6	31,5	32,4	33,3	34,2	35,1	36,0	9

4ᵍ

c	sin 0,	d	tang 0,	d	cotg	d	cos 0,	d	
0	06279	16	06291	16	15,895	40	99803	1	100
1	295	15	307	16	855	40	802	1	99
2	310	16	323	16	815	39	801	1	98
3	326	16	339	16	776	39	800	1	97
4	342	15	355	15	737	39	799	1	96
5	357	16	370	16	698	39	798	1	95
6	373	16	386	16	659	39	797	1	94
7	389	15	402	16	620	38	796	1	93
8	404	16	418	15	582	38	795	1	92
9	420	16	433	16	544	38	794	1	91
10	06436	15	06449	16	15,506	38	99793	1	90
11	451	16	465	16	468	38	792	1	89
12	467	16	481	16	430	37	791	1	88
13	483	16	497	15	393	37	790	1	87
14	499	15	512	16	356	38	789	1	86
15	514	16	528	16	318	36	788	1	85
16	530	16	544	16	282	37	787	1	84
17	546	15	560	15	245	37	786	1	83
18	561	16	575	16	208	36	785	2	82
19	577	16	591	16	172	36	783	1	81
20	06593	15	06607	16	15,136	36	99782	1	80
21	608	16	623	15	100	36	781	1	79
22	624	16	638	16	064	36	780	1	78
23	640	15	654	16	15,028	36	779	1	77
24	655	16	670	16	14,992	35	778	1	76
25	671	16	686	16	957	35	777	1	75
26	687	15	702	15	922	35	776	1	74
27	702	16	717	16	887	35	775	1	73
28	718	16	733	16	852	35	774	1	72
29	734	15	749	16	817	34	773	1	71
30	06749	16	06765	15	14,783	35	99772	1	70
31	765	16	780	16	748	34	771	1	69
32	781	15	796	16	714	34	770	1	68
33	796	16	812	16	680	34	769	1	67
34	812	16	828	16	646	34	768	1	66
35	828	15	844	15	612	33	767	1	65
36	843	16	859	16	579	34	766	2	64
37	859	16	875	16	545	33	764	1	63
38	875	15	891	16	512	33	763	1	62
39	890	16	907	16	479	33	762	1	61
40	06906	16	06923	15	14,446	33	99761	1	60
41	922	15	938	16	413	33	760	1	59
42	937	16	954	16	380	33	759	1	58
43	953	16	970	16	347	32	758	1	57
44	969	15	06986	15	315	32	757	1	56
45	06984	16	07001	16	283	32	756	1	55
46	07000	16	017	16	251	32	755	1	54
47	07016	15	033	16	219	32	754	2	53
48	031	16	049	16	187	32	752	1	52
49	047	16	065	15	155	31	751	1	51
50	07063	15	07080	16	14,124	32	99750	1	50
51	078	16	096	16	092	31	749	1	49
52	094	16	112	16	061	31	748	1	48
53	110	15	128	16	14,030	31	747	1	47
54	125	16	144	15	13,999	31	746	1	46
55	141	16	159	16	968	31	745	1	45
56	157	15	175	16	937	31	744	2	44
57	172	16	191	16	906	30	742	1	43
58	188	16	207	15	876	30	741	1	42
59	204	15	222	16	846	31	740	1	41
60	07219	16	07238	16	13,815	30	99739	1	40
61	235	16	254	16	785	30	738	1	39
62	251	15	270	16	755	29	737	1	38
63	266	16	286	15	726	30	736	1	37
64	282	16	301	16	696	30	735	2	36
65	298	15	317	16	666	29	733	1	35
66	313	16	333	16	637	29	732	1	34
67	329	16	349	16	608	30	731	1	33
68	345	15	365	15	578	29	730	1	32
69	360	16	380	16	549	29	729	1	31
70	07376	16	07396	16	13,520	28	99728	2	30
71	392	15	412	16	492	29	726	1	29
72	407	16	428	16	463	29	725	1	28
73	423	16	444	15	434	28	724	1	27
74	439	15	459	16	406	28	723	1	26
75	454	16	475	16	378	29	722	1	25
76	470	16	491	16	349	28	721	2	24
77	486	15	507	16	321	28	719	1	23
78	501	16	523	15	293	27	718	1	22
79	517	16	538	16	266	28	717	1	21
80	07533	15	07554	16	13,238	28	99716	1	20
81	548	16	570	16	210	27	715	1	19
82	564	16	586	16	183	28	714	2	18
83	580	15	602	15	155	27	712	1	17
84	595	16	617	16	128	27	711	1	16
85	611	16	633	16	101	27	710	1	15
86	627	15	649	16	074	27	709	1	14
87	642	16	665	16	047	27	708	2	13
88	658	16	681	15	13,020	27	706	1	12
89	674	15	696	16	12,993	26	705	1	11
90	07689	16	07712	16	12,967	27	99704	1	10
91	705	16	728	16	940	26	703	1	9
92	721	15	744	16	914	27	702	2	8
93	736	16	760	15	887	26	700	1	7
94	752	16	775	16	861	26	699	1	6
95	768	15	791	16	835	26	698	1	5
96	783	16	807	16	809	26	697	2	4
97	799	16	823	16	783	26	695	1	3
98	815	15	839	15	757	25	694	1	2
99	830	16	854	16	732	26	693	1	1
100	07846		07870		12,706		99692		0
	cos 0,		cotg 0,		tang		sin 0,		c

95ᵍ

	2	15	16	17	18	19	20	21	22	23	24	25	26	
1	0,2	1,5	1,6	1,7	1,8	1,9	2,0	2,1	2,2	2,3	2,4	2,5	2,6	1
2	0,4	3,0	3,2	3,4	3,6	3,8	4,0	4,2	4,4	4,6	4,8	5,0	5,2	2
3	0,6	4,5	4,8	5,1	5,4	5,7	6,0	6,3	6,6	6,9	7,2	7,5	7,8	3
4	0,8	6,0	6,4	6,8	7,2	7,6	8,0	8,4	8,8	9,2	9,6	10,0	10,4	4
5	1,0	7,5	8,0	8,5	9,0	9,5	10,0	10,5	11,0	11,5	12,0	12,5	13,0	5
6	1,2	9,0	9,6	10,2	10,8	11,4	12,0	12,6	13,2	13,8	14,4	15,0	15,6	6
7	1,4	10,5	11,2	11,9	12,6	13,3	14,0	14,7	15,4	16,1	16,8	17,5	18,2	7
8	1,6	12,0	12,8	13,6	14,4	15,2	16,0	16,8	17,6	18,4	19,2	20,0	20,8	8
9	1,8	13,5	14,4	15,3	16,2	17,1	18,0	18,9	19,8	20,7	21,6	22,5	23,4	9

	4	94
	0,06	10,5

5^g

c	sin 0,	d	tang 0,	d	cotg	d	cos 0,	d	
0	07846		07870		12,706		99692		100
1	862	16	886	16	681	25	690	2	99
2	877	15	902	16	655	26	689	1	98
3	893	16	918	16	630	25	688	1	97
4	909	16	933	15	605	25	687	1	96
5	924	15	949	16	580	25	686	1	95
6	940	16	965	16	555	25	684	2	94
7	956	16	981	16	530	25	683	1	93
8	971	15	07997	16	505	25	682	1	92
9	07987	16	08012	15	481	24	681	1	91
10	08002	15	08028	16	12,456	25	99679	2	90
11	018	16	044	16	432	24	678	1	89
12	034	16	060	16	407	25	677	1	88
13	049	15	076	16	383	24	676	1	87
14	065	16	091	15	359	24	674	2	86
15	081	16	107	16	335	24	673	1	85
16	096	15	123	16	311	24	672	1	84
17	112	16	139	16	287	24	670	2	83
18	128	16	155	16	263	24	669	1	82
19	143	15	171	16	239	24	668	1	81
20	08159	16	08186	15	12,215	24	99667	1	80
21	175	16	202	16	192	23	665	2	79
22	190	15	218	16	168	24	664	1	78
23	206	16	234	16	145	23	663	1	77
24	222	16	250	16	122	23	661	2	76
25	237	15	265	15	099	23	660	1	75
26	253	16	281	16	075	24	659	1	74
27	269	16	297	16	052	23	658	1	73
28	284	15	313	16	030	22	656	2	72
29	300	16	329	16	12,007	23	655	1	71
30	08316	16	08345	16	11,984	23	99654	1	70
31	331	15	360	15	961	23	652	2	69
32	347	16	376	16	939	22	651	1	68
33	363	16	392	16	916	23	650	1	67
34	378	15	408	16	894	22	648	2	66
35	394	16	424	16	871	23	647	1	65
36	410	16	439	15	849	22	646	1	64
37	425	15	455	16	827	22	644	2	63
38	441	16	471	16	805	22	643	1	62
39	456	15	487	16	783	22	642	1	61
40	08472	16	08503	16	11,761	22	99640	2	60
41	488	16	519	16	739	22	639	1	59
42	503	15	534	15	717	22	638	1	58
43	519	16	550	16	696	21	636	2	57
44	535	16	566	16	674	22	635	1	56
45	550	15	582	16	653	21	634	1	55
46	566	16	598	16	631	22	632	2	54
47	582	16	613	15	610	21	631	1	53
48	597	15	629	16	588	22	630	1	52
49	613	16	645	16	567	21	628	2	51
50	08629	16	08661	16	11,546	21	99627	1	50
	cos 0,		cotg 0,		tang		sin 0,		

	sin 0,	d	tang 0,	d	cotg	d	cos 0,	d	
50	08629		08661		11,546		99627		50
51	644	15	677	16	525	21	626	1	49
52	660	16	693	16	504	21	624	2	48
53	676	16	708	15	483	21	623	1	47
54	691	15	724	16	462	21	622	1	46
55	707	16	740	16	442	20	620	2	45
56	723	16	756	16	421	21	619	1	44
57	738	15	772	16	400	21	617	2	43
58	754	16	788	16	380	20	616	1	42
59	769	15	803	15	359	21	615	1	41
60	08785	16	08819	16	11,339	20	99613	2	40
61	801	16	835	16	319	20	612	1	39
62	816	15	851	16	298	21	611	1	38
63	832	16	867	16	278	20	609	2	37
64	848	16	883	16	258	20	608	1	36
65	863	15	898	15	238	20	606	2	35
66	879	16	914	16	218	20	605	1	34
67	895	16	930	16	198	20	604	1	33
68	910	15	946	16	178	20	602	2	32
69	926	16	962	16	159	19	601	1	31
70	08942	16	08978	16	11,139	20	99599	2	30
71	957	15	08993	15	119	20	598	1	29
72	973	16	09009	16	100	19	597	1	28
73	08989	16	025	16	080	20	595	2	27
74	09004	15	041	16	061	19	594	1	26
75	020	16	057	16	042	19	592	2	25
76	035	15	073	16	022	20	591	1	24
77	051	16	088	15	11,003	19	590	1	23
78	067	16	104	16	10,984	19	588	2	22
79	082	15	120	16	965	19	587	1	21
80	09098	16	09136	16	10,946	19	99585	2	20
81	114	16	152	16	927	19	584	1	19
82	129	15	168	16	908	19	582	2	18
83	145	16	183	15	889	19	581	1	17
84	161	16	199	16	870	19	580	1	16
85	176	15	215	16	852	18	578	2	15
86	192	16	231	16	833	19	577	1	14
87	208	16	247	16	815	18	575	2	13
88	223	15	263	16	796	19	574	1	12
89	239	16	278	15	778	18	572	2	11
90	09254	15	09294	16	10,759	19	99571	1	10
91	270	16	310	16	741	18	569	2	9
92	286	16	326	16	723	18	568	1	8
93	301	15	342	16	705	18	566	2	7
94	317	16	358	16	686	19	565	1	6
95	333	16	374	16	668	18	564	1	5
96	348	15	389	15	650	18	562	2	4
97	364	16	405	16	632	18	561	1	3
98	380	16	421	16	614	18	559	2	2
99	395	15	437	16	597	17	558	1	1
100	09411	16	09453	16	10,579	18	99556	2	0
	cos 0,		cotg 0,		tang		sin 0,		c

94^g

	2	15	16	130	133	136	139	142	145	148	151	154	157	160	165	170	175	177	
1	0,2	1,5	1,6	13,0	13,3	13,6	13,9	14,2	14,5	14,8	15,1	15,4	15,7	16,0	16,5	17,0	17,5	17,7	1
2	0,4	3,0	3,2	26,0	26,6	27,2	27,8	28,4	29,0	29,6	30,2	30,8	31,4	32,0	33,0	34,0	35,0	35,4	2
3	0,6	4,5	4,8	39,0	39,9	40,8	41,7	42,6	43,5	44,4	45,3	46,2	47,1	48,0	49,5	51,0	52,5	53,1	3
4	0,8	6,0	6,4	52,0	53,2	54,4	55,6	56,8	58,0	59,2	60,4	61,6	62,8	64,0	66,0	68,0	70,0	70,8	4
5	1,0	7,5	8,0	65,0	66,5	68,0	69,5	71,0	72,5	74,0	75,5	77,0	78,5	80,0	82,5	85,0	87,5	88,5	5
6	1,2	9,0	9,6	78,0	79,8	81,6	83,4	85,2	87,0	88,8	90,6	92,4	94,2	96,0	99,0	102,0	105,0	106,2	6
7	1,4	10,5	11,2	91,0	93,1	95,2	97,3	99,4	101,5	103,6	105,7	107,8	109,9	112,0	115,5	119,0	122,5	123,9	7
8	1,6	12,0	12,8	104,0	106,4	108,8	111,2	113,6	116,0	118,4	120,8	123,2	125,6	128,0	132,0	136,0	140,0	141,6	8
9	1,8	13,5	14,4	117,0	119,7	122,4	125,1	127,8	130,5	133,2	135,9	138,6	141,3	144,0	148,5	153,0	157,5	159,3	9

6^g

c	sin 0,	d	tang 0,	d	cotg	d	cos 0,	d	
0	09411		09453		10,5789		99556		100
1	426	15	469	16	5612	177	555	1	99
2	442	16	484	15	5435	177	553	2	98
3	458	16	500	16	5259	176	552	1	97
4	473	15	516	16	5084	175	550	2	96
5	489	16	532	16	4909	175	549	1	95
6	505	16	548	16	4735	174	547	2	94
7	520	15	564	16	4562	173	546	1	93
8	536	16	580	16	4389	173	544	2	92
9	552	16	595	15	4216	173	543	1	91
10	09567	15	09611	16	10,4044	172	99541	2	90
11	583	16	627	16	3873	171	540	1	89
12	598	15	643	16	3702	171	538	2	88
13	614	16	659	16	3532	170	537	1	87
14	630	16	675	16	3362	170	535	2	86
15	645	15	691	16	3193	169	534	1	85
16	661	16	706	15	3025	168	532	2	84
17	677	16	722	16	2857	168	531	1	83
18	692	15	738	16	2689	168	529	2	82
19	708	16	754	16	2522	167	528	1	81
20	09724	16	09770	16	10,2356	166	99526	2	80
21	739	15	786	16	2190	166	525	1	79
22	755	16	802	16	2025	165	523	2	78
23	770	15	817	15	1860	165	522	1	77
24	786	16	833	16	1695	165	520	2	76
25	802	16	849	16	1532	163	518	2	75
26	817	15	865	16	1368	164	517	1	74
27	833	16	881	16	1206	162	515	2	73
28	849	16	897	16	1044	162	514	1	72
29	864	15	913	16	0882	162	512	2	71
30	09880	16	09928	15	10,0721	161	99511	1	70
31	896	16	944	16	0560	161	509	2	69
32	911	15	960	16	0400	160	508	1	68
33	927	16	976	16	0240	160	506	2	67
34	942	15	09992	16	10,0081	159	505	1	66
35	958	16	10008	16	9,9922	159	503	2	65
36	974	16	024	16	9764	158	501	2	64
37	09989	15	039	15	9607	157	500	1	63
38	10005	16	055	16	9449	158	498	2	62
39	021	16	071	16	9293	156	497	1	61
40	10036	15	10087	16	9,9137	156	99495	2	60
41	052	16	103	16	8981	156	494	1	59
42	067	15	119	16	8826	155	492	2	58
43	083	16	135	16	8671	155	490	2	57
44	099	16	151	16	8517	154	489	1	56
45	114	15	166	15	8363	154	487	2	55
46	130	16	182	16	8209	154	486	1	54
47	146	16	198	16	8057	152	484	2	53
48	161	15	214	16	7904	153	482	2	52
49	177	16	230	16	7752	152	481	1	51
50	10192	15	10246	16	9,7601	151	99479	2	50
	cos 0,		cotg 0,		tang		sin 0,		

c	sin 0,	d	tang 0,	d	cotg	d	cos 0,	d	
50	10192		10246		9,7601		99479		50
51	208	16	262	16	7450	151	478	1	49
52	224	16	278	16	7299	151	476	2	48
53	239	15	293	15	7149	150	474	2	47
54	255	16	309	16	7000	149	473	1	46
55	271	16	325	16	6851	149	471	2	45
56	286	15	341	16	6702	149	470	1	44
57	302	16	357	16	6554	148	468	2	43
58	317	15	373	16	6406	148	466	2	42
59	333	16	389	16	6259	147	465	1	41
60	10349	16	10405	16	9,6112	147	99463	2	40
61	364	15	420	15	5965	147	461	2	39
62	380	16	436	16	5819	146	460	1	38
63	396	16	452	16	5674	145	458	2	37
64	411	15	468	16	5529	145	457	1	36
65	427	16	484	16	5384	145	455	2	35
66	442	15	500	16	5240	144	453	2	34
67	458	16	516	16	5096	144	452	1	33
68	474	16	532	16	4952	144	450	2	32
69	489	15	547	15	4809	143	448	2	31
70	10505	16	10563	16	9,4667	142	99447	1	30
71	521	16	579	16	4525	142	445	2	29
72	536	15	595	16	4383	142	443	2	28
73	552	16	611	16	4242	141	442	1	27
74	567	15	627	16	4101	141	440	2	26
75	583	16	643	16	3960	141	438	2	25
76	599	16	659	16	3820	140	437	1	24
77	614	15	675	16	3681	139	435	2	23
78	630	16	690	15	3541	140	433	2	22
79	645	15	706	16	3403	138	432	1	21
80	10661	16	10722	16	9,3264	139	99430	2	20
81	677	16	738	16	3126	138	428	2	19
82	692	15	754	16	2989	137	427	1	18
83	708	16	770	16	2851	138	425	2	17
84	724	16	786	16	2715	136	423	2	16
85	739	15	802	16	2578	137	422	1	15
86	755	16	818	16	2442	136	420	2	14
87	770	15	833	15	2307	135	418	2	13
88	786	16	849	16	2171	136	417	1	12
89	802	16	865	16	2037	134	415	2	11
90	10817	15	10881	16	9,1902	135	99413	2	10
91	833	16	897	16	1768	134	412	1	9
92	849	16	913	16	1634	134	410	2	8
93	864	15	929	16	1501	133	408	2	7
94	880	16	945	16	1368	133	406	2	6
95	895	15	961	16	1236	132	405	1	5
96	911	16	977	16	1104	132	403	2	4
97	927	16	10992	15	0972	132	401	2	3
98	942	15	11008	16	0841	131	400	1	2
99	958	16	024	16	0709	132	398	2	1
100	10973	15	11040	16	9,0579	130	99396	2	0
	cos 0,		cotg 0,		tang		sin 0,		c

93^g

	2	15	16	102	104	106	108	109	112	114	116	118	120	122	124	126	128	129	
1	0,2	1,5	1,6	10,2	10,4	10,6	10,8	10,9	11,2	11,4	11,6	11,8	12,0	12,2	12,4	12,6	12,8	12,9	1
2	0,4	3,0	3,2	20,4	20,8	21,2	21,6	21,8	22,4	22,8	23,2	23,6	24,0	24,4	24,8	25,2	25,6	25,8	2
3	0,6	4,5	4,8	30,6	31,2	31,8	32,4	32,7	33,6	34,2	34,8	35,4	36,0	36,6	37,2	37,8	38,4	38,7	3
4	0,8	6,0	6,4	40,8	41,6	42,4	43,2	43,6	44,8	45,6	46,4	47,2	48,0	48,8	49,6	50,4	51,2	51,6	4
5	1,0	7,5	8,0	51,0	52,0	53,0	54,0	54,5	56,0	57,0	58,0	59,0	60,0	61,0	62,0	63,0	64,0	64,5	5
6	1,2	9,0	9,6	61,2	62,4	63,6	64,8	65,4	67,2	68,4	69,6	70,8	72,0	73,2	74,4	75,6	76,8	77,4	6
7	1,4	10,5	11,2	71,4	72,8	74,2	75,6	76,3	78,4	79,8	81,2	82,6	84,0	85,4	86,8	88,2	89,6	90,3	7
8	1,6	12,0	12,8	81,6	83,2	84,8	86,4	87,2	89,6	91,2	92,8	94,4	96,0	97,6	99,2	100,8	102,4	103,2	8
9	1,8	13,5	14,4	91,8	93,6	95,4	97,2	98,1	100,8	102,6	104,4	106,2	108,0	109,8	111,6	113,4	115,2	116,1	9

7g

c	sin 0,	d	tang 0,	d	cotg	d	cos 0,	d	
0	10973	16	11040	16	9,0579	130	99396	2	100
1	10989	16	056	16	0449	130	394	1	99
2	11005	15	072	16	0319	130	393	2	98
3	020	16	088	16	0189	129	391	2	97
4	036	15	104	16	9,0060	129	389	2	96
5	051	16	120	16	8,9931	128	387	1	95
6	067	16	136	15	9803	128	386	2	94
7	083	15	151	16	9675	128	384	2	93
8	098	16	167	16	9547	127	382	2	92
9	114	16	183	16	9420	127	380	1	91
10	11130	15	11199	16	8,9293	127	99379	2	90
11	145	16	215	16	9166	126	377	2	89
12	161	15	231	16	9040	126	375	2	88
13	176	16	247	16	8914	126	373	1	87
14	192	16	263	16	8788	125	372	2	86
15	208	15	279	16	8663	125	370	2	85
16	223	16	295	15	8538	124	368	2	84
17	239	15	310	16	8414	125	366	1	83
18	254	16	326	16	8289	123	365	2	82
19	270	16	342	16	8166	124	363	2	81
20	11286	15	11358	16	8,8042	123	99361	2	80
21	301	16	374	16	7919	123	359	1	79
22	317	15	390	16	7796	122	358	2	78
23	332	16	406	16	7674	123	356	2	77
24	348	16	422	16	7551	121	354	2	76
25	364	15	438	16	7430	122	352	2	75
26	379	16	454	16	7308	121	350	1	74
27	395	15	470	16	7187	121	349	2	73
28	410	16	486	15	7066	120	347	2	72
29	426	16	501	16	6946	120	345	2	71
30	11442	15	11517	16	8,6826	120	99343	2	70
31	457	16	533	16	6706	120	341	1	69
32	473	16	549	16	6586	119	340	2	68
33	489	15	565	16	6467	119	338	2	67
34	504	16	581	16	6348	118	336	2	66
35	520	15	597	16	6230	118	334	2	65
36	535	16	613	16	6112	118	332	1	64
37	551	16	629	16	5994	118	331	2	63
38	567	15	645	16	5876	117	329	2	62
39	582	16	661	16	5759	117	327	2	61
40	11598	15	11677	15	8,5642	117	99325	2	60
41	613	16	692	16	5525	116	323	1	59
42	629	16	708	16	5409	116	322	2	58
43	645	15	724	16	5293	116	320	2	57
44	660	16	740	16	5177	115	318	2	56
45	676	15	756	16	5062	115	316	2	55
46	691	16	772	16	4947	115	314	2	54
47	707	16	788	16	4832	114	312	1	53
48	723	15	804	16	4718	115	311	2	52
49	738	16	820	16	4603	113	309	2	51
50	11754		11836		8,4490		99307		50
	cos 0,		cotg 0,		tang		sin 0,		

	sin 0,	d	tang 0,	d	cotg	d	cos 0,	d	
50	11754	15	11836	16	8,4490	114	99307	2	50
51	769	16	852	16	4376	113	305	2	49
52	785	16	868	16	4263	113	303	2	48
53	801	15	884	15	4150	113	301	2	47
54	816	16	899	16	4037	112	299	1	46
55	832	15	915	16	3925	112	298	2	45
56	847	16	931	16	3813	112	296	2	44
57	863	16	947	16	3701	111	294	2	43
58	879	15	963	16	3590	112	292	2	42
59	894	16	979	16	3478	111	290	2	41
60	11910	15	11995	16	8,3367	110	99288	2	40
61	925	16	12011	16	3257	110	286	1	39
62	941	16	027	16	3147	110	285	2	38
63	957	15	043	16	3037	110	283	2	37
64	972	16	059	16	2927	110	281	2	36
65	11988	15	075	16	2817	109	279	2	35
66	12003	16	091	16	2708	109	277	2	34
67	019	15	107	16	2599	108	275	2	33
68	034	16	123	16	2491	109	273	2	32
69	050	16	139	15	2382	108	271	2	31
70	12066	15	12154	16	8,2274	107	99269	1	30
71	081	16	170	16	2167	108	268	2	29
72	097	15	186	16	2059	107	266	2	28
73	112	16	202	16	1952	107	264	2	27
74	128	16	218	16	1845	107	262	2	26
75	144	15	234	16	1738	106	260	2	25
76	159	16	250	16	1632	106	258	2	24
77	175	15	266	16	1526	106	256	2	23
78	190	16	282	16	1420	106	254	2	22
79	206	16	298	16	1314	105	252	2	21
80	12222	15	12314	16	8,1209	105	99250	2	20
81	237	16	330	16	1104	105	248	1	19
82	253	15	346	16	0999	104	247	2	18
83	268	16	362	16	0895	104	245	2	17
84	284	16	378	16	0791	104	243	2	16
85	300	15	394	16	0687	104	241	2	15
86	315	16	410	16	0583	104	239	2	14
87	331	15	426	15	0479	103	237	2	13
88	346	16	441	16	0376	103	235	2	12
89	362	15	457	16	0273	102	233	2	11
90	12377	16	12473	16	8,0171	103	99231	2	10
91	393	16	489	16	8,0068	102	229	2	9
92	409	15	505	16	7,9966	102	227	2	8
93	424	16	521	16	9864	101	225	2	7
94	440	15	537	16	9763	102	223	2	6
95	455	16	553	16	9661	101	221	2	5
96	471	16	569	16	9560	101	219	2	4
97	487	15	585	16	9459	100	217	2	3
98	502	16	601	16	9359	101	215	2	2
99	518	15	617	16	9258	100	213	2	1
100	12533		12633		7,9158		99211		0
	cos 0,		cotg 0,		tang		sin 0,		c

92g

6 92
0,09 7,91

	2	3	15	16	80	81	82	83	84	85	86	88	90	91	93	95	97	99	
1	0,2	0,3	1,5	1,6	8,0	8,1	8,2	8,3	8,4	8,5	8,6	8,8	9,0	9,1	9,3	9,5	9,7	9,9	1
2	0,4	0,6	3,0	3,2	16,0	16,2	16,4	16,6	16,8	17,0	17,2	17,6	18,0	18,2	18,6	19,0	19,4	19,8	2
3	0,6	0,9	4,5	4,8	24,0	24,3	24,6	24,9	25,2	25,5	25,8	26,4	27,0	27,3	27,9	28,5	29,1	29,7	3
4	0,8	1,2	6,0	6,4	32,0	32,4	32,8	33,2	33,6	34,0	34,4	35,2	36,0	36,4	37,2	38,0	38,8	39,6	4
5	1,0	1,5	7,5	8,0	40,0	40,5	41,0	41,5	42,0	42,5	43,0	44,0	45,0	45,5	46,5	47,5	48,5	49,5	5
6	1,2	1,8	9,0	9,6	48,0	48,6	49,2	49,8	50,4	51,0	51,6	52,8	54,0	54.6	55,8	57,0	58,2	59,4	6
7	1,4	2,1	10,5	11,2	56,0	56,7	57,4	58,1	58,8	59,5	60,2	61,6	63,0	63,7	65,1	66,5	67,9	69,3	7
8	1,6	2,4	12,0	12,8	64,0	64,8	65,6	66,4	67,2	68,0	68,8	70,4	72,0	72,8	74,4	76,0	77,6	79,2	8
9	1,8	2,7	13,5	14,4	72,0	72,9	73,8	74,7	75,6	76,5	77,4	79,2	81,0	81,9	83,7	85,5	87,3	89,1	9

8g

c	sin 0,	d	tang 0,	d	cotg	d	cos 0,	d	
0	12533	16	12633	16	7,9158	100	99211	1	100
1	549	15	649	16	9058	99	210	2	99
2	564	16	665	16	8959	100	208	2	98
3	580	16	681	16	8859	99	206	2	97
4	596	15	697	16	8760	99	204	2	96
5	611	16	713	16	8661	98	202	2	95
6	627	15	729	16	8563	99	200	2	94
7	642	16	745	16	8464	98	198	2	93
8	658	16	761	16	8366	98	196	2	92
9	674	15	777	16	8268	98	194	2	91
10	12689	16	12793	16	7,8170	97	99192	2	90
11	705	15	809	15	8073	97	190	2	89
12	720	16	824	16	7976	97	188	2	88
13	736	15	840	16	7879	97	186	2	87
14	751	16	856	16	7782	96	184	2	86
15	767	16	872	16	7686	97	182	2	85
16	783	15	888	16	7589	96	180	2	84
17	798	16	904	16	7493	95	178	2	83
18	814	15	920	16	7398	96	176	2	82
19	829	16	936	16	7302	95	174	2	81
20	12845	16	12952	16	7,7207	95	99172	2	80
21	861	15	968	16	7112	95	170	2	79
22	876	16	12984	16	7017	95	168	2	78
23	892	15	13000	16	6922	94	166	2	77
24	907	16	016	16	6828	94	164	3	76
25	923	15	032	16	6734	94	161	2	75
26	938	16	048	16	6640	94	159	2	74
27	954	16	064	16	6546	94	157	2	73
28	970	15	080	16	6452	93	155	2	72
29	12985	16	096	16	6359	93	153	2	71
30	13001	15	13112	16	7,6266	93	99151	2	70
31	016	16	128	16	6173	92	149	2	69
32	032	15	144	16	6081	93	147	2	68
33	047	16	160	16	5988	92	145	2	67
34	063	16	176	16	5896	92	143	2	66
35	079	15	192	16	5804	92	141	2	65
36	094	16	208	16	5712	91	139	2	64
37	110	15	224	16	5621	91	137	2	63
38	125	16	240	16	5530	91	135	2	62
39	141	15	256	16	5439	91	133	2	61
40	13156	16	13272	16	7,5348	91	99131	2	60
41	172	16	288	16	5257	90	129	2	59
42	188	15	304	16	5167	91	127	2	58
43	203	16	320	16	5076	90	125	3	57
44	219	15	336	16	4986	89	122	2	56
45	234	16	352	16	4897	90	120	2	55
46	250	15	368	16	4807	89	118	2	54
47	265	16	384	16	4718	89	116	2	53
48	281	16	400	16	4629	89	114	2	52
49	297	15	416	16	4540	89	112	2	51
50	13312		13432		7,4451		99110		50
	cos 0,		cotg 0,		tang		sin 0,		

	sin 0,	d	tang 0,	d	cotg	d	cos 0,	d	
50	13312	16	13432	16	7,4451	89	99110	2	50
51	328	15	448	16	4362	88	108	2	49
52	343	16	464	16	4274	88	106	2	48
53	359	15	480	16	4186	88	104	2	47
54	374	16	496	16	4098	88	102	3	46
55	390	16	512	16	4010	87	099	2	45
56	406	15	528	16	3923	88	097	2	44
57	421	16	544	16	3835	87	095	2	43
58	437	15	560	16	3748	87	093	2	42
59	452	16	576	16	3661	86	091	2	41
60	13468	15	13592	16	7,3575	87	99089	2	40
61	483	16	608	16	3488	86	087	2	39
62	499	15	624	16	3402	86	085	2	38
63	514	16	640	16	3316	86	083	3	37
64	530	16	656	16	3230	86	080	2	36
65	546	15	672	16	3144	85	078	2	35
66	561	16	688	16	3059	86	076	2	34
67	577	15	704	16	2973	85	074	2	33
68	592	16	720	16	2888	85	072	2	32
69	608	15	736	16	2803	84	070	2	31
70	13623	16	13752	16	7,2719	85	99068	2	30
71	639	16	768	16	2634	84	066	3	29
72	655	15	784	16	2550	84	063	2	28
73	670	16	800	16	2466	84	061	2	27
74	686	15	816	16	2382	84	059	2	26
75	701	16	832	16	2298	84	057	2	25
76	717	15	848	16	2214	83	055	2	24
77	732	16	864	16	2131	83	053	3	23
78	748	15	880	16	2048	83	050	2	22
79	763	16	896	16	1965	83	048	2	21
80	13779	16	13912	16	7,1882	83	99046	2	20
81	795	15	928	16	1799	82	044	2	19
82	810	16	944	16	1717	83	042	2	18
83	826	15	960	16	1634	82	040	3	17
84	841	16	976	16	1552	82	037	2	16
85	857	15	13992	16	1470	81	035	2	15
86	872	16	14008	16	1389	82	033	2	14
87	888	15	024	16	1307	81	031	2	13
88	903	16	040	16	1226	81	029	2	12
89	919	16	056	16	1145	81	027	3	11
90	13935	15	14072	16	7,1064	81	99024	2	10
91	950	16	088	16	0983	81	022	2	9
92	966	15	104	16	0902	80	020	2	8
93	981	16	120	16	0822	80	018	2	7
94	13997	15	136	16	0742	81	016	3	6
95	14012	16	152	16	0661	79	013	2	5
96	028	15	168	16	0582	80	011	2	4
97	043	16	184	16	0502	80	009	2	3
98	059	16	200	16	0422	79	007	2	2
99	075	15	216	16	0343	79	005	3	1
100	14090		14232		7,0264		99002		0
	cos 0,		cotg 0,		tang		sin 0,		c

91g

	2	3	15	16	17	64	65	66	67	68	69	70	72	74	75	76	78	79	
1	0,2	0,3	1,5	1,6	1,7	6,4	6,5	6,6	6,7	6,8	6,9	7,0	7,2	7,4	7,5	7,6	7,8	7,9	1
2	0,4	0,6	3,0	3,2	3,4	12,8	13,0	13,2	13,4	13,6	13,8	14,0	14,4	14,8	15,0	15,2	15,6	15,8	2
3	0,6	0,9	4,5	4,8	5,1	19,2	19,5	19,8	20,1	20,4	20,7	21,0	21,6	22,2	22,5	22,8	23,4	23,7	3
4	0,8	1,2	6,0	6,4	6,8	25,6	26,0	26,4	26,8	27,2	27,6	28,0	28,8	29,6	30,0	30,4	31,2	31,6	4
5	1,0	1,5	7,5	8,0	8,5	32,0	32,5	33,0	33,5	34,0	34,5	35,0	36,0	37,0	37,5	38,0	39,0	39,5	5
6	1,2	1,8	9,0	9,6	10,2	38,4	39,0	39,6	40,2	40,8	41,4	42,0	43,2	44,4	45,0	45,6	46,8	47,4	6
7	1,4	2,1	10,5	11,2	11,9	44,8	45,5	46,2	46,9	47,6	48,3	49,0	50,4	51,8	52,5	53,2	54,6	55,3	7
8	1,6	2,4	12,0	12,8	13,6	51,2	52,0	52,8	53,6	54,4	55,2	56,0	57,6	59,2	60,0	60,8	62,4	63,2	8
9	1,8	2,7	13,5	14,4	15,3	57,6	58,5	59,4	60,3	61,2	62,1	63,0	64,8	66,6	67,5	68,4	70,2	71,1	9

9ᵍ

c	sin 0,	d	tang 0,	d	cotg	d	cos 0,	d	
0	14090		14232		7,0264		99002		100
1	106	16	248	16	0185	79	99000	2	99
2	121	15	264	16	0106	79	98998	2	98
3	137	16	280	16	7,0027	79	996	2	97
4	152	15	296	16	6,9949	78	993	3	96
5	168	16	312	16	9870	79	991	2	95
6	183	15	328	16	9792	78	989	2	94
7	199	16	344	16	9714	78	987	2	93
8	215	16	360	16	9636	78	985	2	92
9	230	15	376	16	9559	77	982	3	91
10	14246	16	14392	16	6,9481	78	98980	2	90
11	261	15	408	16	9404	77	978	2	89
12	277	16	424	16	9327	77	976	2	88
13	292	15	441	17	9250	77	973	3	87
14	308	16	457	16	9173	77	971	2	86
15	323	15	473	16	9096	77	969	2	85
16	339	16	489	16	9020	76	967	2	84
17	354	15	505	16	8943	77	964	3	83
18	370	16	521	16	8867	76	962	2	82
19	386	16	537	16	8791	76	960	2	81
20	14401	15	14553	16	6,8715	76	98958	2	80
21	417	16	569	16	8640	75	955	3	79
22	432	15	585	16	8564	76	953	2	78
23	448	16	601	16	8489	75	951	2	77
24	463	15	617	16	8414	75	949	2	76
25	479	16	633	16	8339	75	946	3	75
26	494	15	649	16	8264	75	944	2	74
27	510	16	665	16	8189	75	942	2	73
28	525	15	681	16	8115	74	939	3	72
29	541	16	697	16	8040	75	937	2	71
30	14557	16	14713	16	6,7966	74	98935	2	70
31	572	15	729	16	7892	74	933	2	69
32	588	16	745	16	7818	74	930	3	68
33	603	15	761	16	7744	74	928	2	67
34	619	16	777	16	7671	73	926	2	66
35	634	15	793	16	7597	74	923	3	65
36	650	16	810	17	7524	73	921	2	64
37	665	15	826	16	7451	73	919	2	63
38	681	16	842	16	7378	73	916	3	62
39	696	15	858	16	7305	73	914	2	61
40	14712	16	14874	16	6,7233	72	98912	2	60
41	727	15	890	16	7160	73	910	2	59
42	743	16	906	16	7088	72	907	3	58
43	759	16	922	16	7016	72	905	2	57
44	774	15	938	16	6944	72	903	2	56
45	790	16	954	16	6872	72	900	3	55
46	805	15	970	16	6800	72	898	2	54
47	821	16	14986	16	6728	72	896	2	53
48	836	15	15002	16	6657	71	893	3	52
49	852	16	018	16	6586	71	891	2	51
50	14867	15	15034	16	6,6514	72	98889	2	50
	cos 0,		cotg 0,		tang		sin 0,		

c	sin 0,	d	tang 0,	d	cotg	d	cos 0,	d	
50	14867		15034		6,6514		98889		50
51	883	16	050	16	6443	71	886	3	49
52	898	15	066	16	6373	70	884	2	48
53	914	16	083	17	6302	71	882	2	47
54	929	15	099	16	6231	71	879	3	46
55	945	16	115	16	6161	70	877	2	45
56	960	15	131	16	6091	70	875	2	44
57	976	16	147	16	6021	70	872	3	43
58	14991	15	163	16	5951	70	870	2	42
59	15007	16	179	16	5881	70	868	2	41
60	15023	16	15195	16	6,5811	70	98865	3	40
61	038	15	211	16	5742	69	863	2	39
62	054	16	227	16	5672	70	860	3	38
63	069	15	243	16	5603	69	858	2	37
64	085	16	259	16	5534	69	856	2	36
65	100	15	275	16	5465	69	853	3	35
66	116	16	291	16	5396	69	851	2	34
67	131	15	308	17	5327	69	849	2	33
68	147	16	324	16	5259	68	846	3	32
69	162	15	340	16	5190	69	844	2	31
70	15178	16	15356	16	6,5122	68	98841	3	30
71	193	15	372	16	5054	68	839	2	29
72	209	16	388	16	4986	68	837	2	28
73	224	15	404	16	4918	68	834	3	27
74	240	16	420	16	4851	67	832	2	26
75	255	15	436	16	4783	68	830	2	25
76	271	16	452	16	4716	67	827	3	24
77	287	16	468	16	4648	68	825	2	23
78	302	15	484	16	4581	67	822	3	22
79	318	16	500	16	4514	67	820	2	21
80	15333	15	15517	17	6,4447	67	98817	3	20
81	349	16	533	16	4381	66	815	2	19
82	364	15	549	16	4314	67	813	2	18
83	380	16	565	16	4247	67	810	3	17
84	395	15	581	16	4181	66	808	2	16
85	411	16	597	16	4115	66	805	3	15
86	426	15	613	16	4049	66	803	2	14
87	442	16	629	16	3983	66	801	2	13
88	457	15	645	16	3917	66	798	3	12
89	473	16	661	16	3851	66	796	2	11
90	15488	15	15677	16	6,3786	65	98793	3	10
91	504	16	694	17	3720	66	791	2	9
92	519	15	710	16	3655	65	788	3	8
93	535	16	726	16	3590	65	786	2	7
94	550	15	742	16	3525	65	784	2	6
95	566	16	758	16	3460	65	781	3	5
96	581	15	774	16	3395	65	779	2	4
97	597	16	790	16	3331	64	776	3	3
98	612	15	806	16	3266	65	774	2	2
99	628	16	822	16	3202	64	771	3	1
100	15643	15	15838	16	6,3138	64	98769	2	0
	cos 0,		cotg 0,		tang		sin 0,		c

90ᵍ

8	90
0,12	6,31

	2	3	15	16	17	53	54	55	56	57	58	59	60	61	62	63	64	65	
1	0,2	0,3	1,5	1,6	1,7	5,3	5,4	5,5	5,6	5,7	5,8	5,9	6,0	6,1	6,2	6,3	6,4	6,5	1
2	0,4	0,6	3,0	3,2	3,4	10,6	10,8	11,0	11,2	11,4	11,6	11,8	12,0	12,2	12,4	12,6	12,8	13,0	2
3	0,6	0,9	4,5	4,8	5,1	15,9	16,2	16,5	16,8	17,1	17,4	17,7	18,0	18,3	18,6	18,9	19,2	19,5	3
4	0,8	1,2	6,0	6,4	6,8	21,2	21,6	22,0	22,4	22,8	23,2	23,6	24,0	24,4	24,8	25,2	25,6	26,0	4
5	1,0	1,5	7,5	8,0	8,5	26,5	27,0	27,5	28,0	28,5	29,0	29,5	30,0	30,5	31,0	31,5	32,0	32,5	5
6	1,2	1,8	9,0	9,6	10,2	31,8	32,4	33,0	33,6	34,2	34,8	35,4	36,0	36,6	37,2	37,8	38,4	39,0	6
7	1,4	2,1	10,5	11,2	11,9	37,1	37,8	38,5	39,2	39,9	40,6	41,3	42,0	42,7	43,4	44,1	44,8	45,5	7
8	1,6	2,4	12,0	12,8	13,6	42,4	43,2	44,0	44,8	45,6	46,4	47,2	48,0	48,8	49,6	50,4	51,2	52,0	8
9	1,8	2,7	13,5	14,4	15,3	47,7	48,6	49,5	50,4	51,3	52,2	53,1	54,0	54,9	55,8	56,7	57,6	58,5	9

10^g

c	sin 0,	tang 0,	cotg	cos 0,	
0	15643 16	15838 17	6,3138 65	98769 3	100
1	659 15	855 16	073 64	766 2	99
2	674 16	871 16	6,3009 63	764 3	98
3	690 16	887 16	6,2946 64	761 2	97
4	706 15	903 16	882 64	759 2	96
5	721 16	919 16	818 63	757 3	95
6	737 15	935 16	755 64	754 2	94
7	752 16	951 16	691 63	752 3	93
8	768 15	967 16	628 63	749 2	92
9	783 16	15983 17	565 63	747 3	91
10	15799 15	16000 16	6,2502 63	98744 2	90
11	814 16	016 16	439 63	742 3	89
12	830 15	032 16	376 62	739 2	88
13	845 16	048 16	314 63	737 3	87
14	861 15	064 16	251 62	734 2	86
15	876 16	080 16	189 62	732 3	85
16	892 15	096 16	127 63	729 2	84
17	907 16	112 16	064 62	727 3	83
18	923 15	128 17	6,2002 62	724 2	82
19	938 16	145 16	6,1940 61	722 3	81
20	15954 15	16161 16	6,1879 62	98719 2	80
21	969 16	177 16	817 61	717 3	79
22	15985 15	193 16	756 62	714 2	78
23	16000 16	209 16	694 61	712 3	77
24	016 15	225 16	633 61	709 2	76
25	031 16	241 16	572 61	707 3	75
26	047 15	257 16	511 61	704 2	74
27	062 16	273 17	450 61	702 3	73
28	078 15	290 16	389 61	699 2	72
29	093 16	306 16	328 61	697 3	71
30	16109 15	16322 16	6,1267 60	98694 3	70
31	124 16	338 16	207 60	691 2	69
32	140 15	354 16	147 61	689 3	68
33	155 16	370 16	086 60	686 2	67
34	171 15	386 17	6,1026 60	684 3	66
35	186 16	403 16	6,0966 60	681 2	65
36	202 15	419 16	906 59	679 3	64
37	217 16	435 16	847 60	676 2	63
38	233 15	451 16	787 60	674 3	62
39	248 16	467 16	727 59	671 2	61
40	16264 15	16483 16	6,0668 59	98669 3	60
41	279 16	499 16	609 60	666 3	59
42	295 15	515 17	549 59	663 2	58
43	310 16	532 16	490 59	661 3	57
44	326 15	548 16	431 59	658 2	56
45	341 16	564 16	372 58	656 3	55
46	357 15	580 16	314 59	653 2	54
47	372 16	596 16	255 59	651 3	53
48	388 15	612 16	196 58	648 2	52
49	403 16	628 17	138 58	646 3	51
50	16419	16645	6,0080	98643	50
	cos 0,	cotg 0,	tang	sin 0,	

	sin 0,	tang 0,	cotg	cos 0,	
50	16419 15	16645 16	6,0080 59	98643 3	50
51	434 16	661 16	6,0021 58	640 2	49
52	450 15	677 16	5,9963 58	638 3	48
53	465 16	693 16	905 58	635 2	47
54	481 15	709 16	847 57	633 3	46
55	496 16	725 16	790 58	630 3	45
56	512 15	741 17	732 58	627 2	44
57	527 16	758 16	674 57	625 3	43
58	543 15	774 16	617 57	622 2	42
59	558 16	790 16	560 58	620 3	41
60	16574 15	16806 16	5,9502 57	98617 3	40
61	589 16	822 16	445 57	614 2	39
62	605 15	838 16	388 57	612 3	38
63	620 16	854 17	331 56	609 2	37
64	636 15	871 16	275 57	607 3	36
65	651 16	887 16	218 57	604 3	35
66	667 15	903 16	161 56	601 2	34
67	682 16	919 16	105 57	599 3	33
68	698 15	935 16	5,9048 56	596 3	32
69	713 15	951 17	5,8992 56	593 2	31
70	16728 16	16968 16	5,8936 56	98591 3	30
71	744 15	16984 16	880 56	588 2	29
72	759 16	17000 16	824 56	586 3	28
73	775 15	016 16	768 56	583 3	27
74	790 16	032 16	712 55	580 2	26
75	806 15	048 17	657 56	578 3	25
76	821 16	065 16	601 56	575 3	24
77	837 15	081 16	545 55	572 2	23
78	852 16	097 16	490 55	570 3	22
79	868 15	113 16	435 55	567 3	21
80	16883 16	17129 16	5,8380 55	98564 2	20
81	899 15	145 17	325 55	562 3	19
82	914 16	162 16	270 55	559 3	18
83	930 15	178 16	215 55	556 2	17
84	945 16	194 16	160 55	554 3	16
85	961 15	210 16	105 54	551 2	15
86	976 16	226 16	5,8051 55	549 3	14
87	16992 15	242 17	5,7996 54	546 3	13
88	17007 16	259 16	942 54	543 3	12
89	023 15	275 16	888 54	540 2	11
90	17038 16	17291 16	5,7834 54	98538 3	10
91	054 15	307 16	780 54	535 3	9
92	069 16	323 17	726 54	532 2	8
93	085 15	340 16	672 54	530 3	7
94	100 16	356 16	618 54	527 3	6
95	116 15	372 16	564 53	524 2	5
96	131 15	388 16	511 54	522 3	4
97	146 16	404 16	457 53	519 3	3
98	162 15	420 17	404 53	516 2	2
99	177 16	437 16	351 54	514 3	1
100	17193	17453	5,7297	98511	0
	cos 0,	cotg 0,	tang	sin 0,	c

89^g

	2	3	15	16	17	44	45	46	47	48	49	50	51	52	53	
1	0,2	0,3	1,5	1,6	1,7	4,4	4,5	4,6	4,7	4,8	4,9	5,0	5,1	5,2	5,3	1
2	0,4	0,6	3,0	3,2	3,4	8,8	9,0	9,2	9,4	9,6	9,8	10,0	10,2	10,4	10,6	2
3	0,6	0,9	4,5	4,8	5,1	13,2	13,5	13,8	14,1	14,4	14,7	15,0	15,3	15,6	15,9	3
4	0,8	1,2	6,0	6,4	6,8	17,6	18,0	18,4	18,8	19,2	19,6	20,0	20,4	20,8	21,2	4
5	1,0	1,5	7,5	8,0	8,5	22,0	22,5	23,0	23,5	24,0	24,5	25,0	25,5	26,0	26,5	5
6	1,2	1,8	9,0	9,6	10,2	26,4	27,0	27,6	28,2	28,8	29,4	30,0	30,6	31,2	31,8	6
7	1,4	2,1	10,5	11,2	11,9	30,8	31,5	32,2	32,9	33,6	34,3	35,0	35,7	36,4	37,1	7
8	1,6	2,4	12,0	12,8	13,6	35,2	36,0	36,8	37,6	38,4	39,2	40,0	40,8	41,6	42,4	8
9	1,8	2,7	13,5	14,4	15,3	39,6	40,5	41,4	42,3	43,2	44,1	45,0	45,9	46,8	47,7	9

11ᵍ

c	sin 0,	d	tang 0,	d	cotg	d	cos 0,	d	
0	17193		17453		5,7297		98511		100
1	208	15	469	16	244	53	508	3	99
2	224	16	485	16	191	53	506	2	98
3	239	15	501	16	138	53	503	3	97
4	255	16	518	17	086	52	500	3	96
5	270	15	534	16	5,7033	53	497	3	95
6	286	16	550	16	5,6980	53	495	2	94
7	301	15	566	16	928	52	492	3	93
8	317	16	582	16	875	53	489	3	92
9	332	15	599	17	823	52	487	2	91
10	17348	16	17615	16	5,6771	52	98484	3	90
11	363	15	631	16	719	52	481	3	89
12	379	16	647	16	667	52	478	3	88
13	394	15	663	16	615	52	476	2	87
14	410	16	679	16	563	52	473	3	86
15	425	15	696	17	511	52	470	3	85
16	440	15	712	16	459	52	467	3	84
17	456	16	728	16	408	51	465	2	83
18	471	15	744	16	356	52	462	3	82
19	487	16	760	16	305	51	459	3	81
20	17502	15	17777	17	5,6253	52	98456	3	80
21	518	16	793	16	202	51	454	2	79
22	533	15	809	16	151	51	451	3	78
23	549	16	825	16	100	51	448	3	77
24	564	15	842	17	5,6049	51	445	3	76
25	580	16	858	16	5,5998	51	443	2	75
26	595	15	874	16	947	51	440	3	74
27	611	16	890	16	897	50	437	3	73
28	626	15	906	16	846	51	434	3	72
29	641	15	923	17	796	50	432	2	71
30	17657	16	17939	16	5,5745	51	98429	3	70
31	672	15	955	16	695	50	426	3	69
32	688	16	971	16	645	50	423	3	68
33	703	15	17987	16	594	51	420	3	67
34	719	16	18004	17	544	50	418	2	66
35	734	15	020	16	494	50	415	3	65
36	750	16	036	16	444	50	412	3	64
37	765	15	052	16	395	49	409	3	63
38	781	16	069	17	345	50	407	2	62
39	796	15	085	16	295	50	404	3	61
40	17812	16	18101	16	5,5246	49	98401	3	60
41	827	15	117	16	196	50	398	3	59
42	842	15	133	16	147	49	395	3	58
43	858	16	150	17	098	49	393	2	57
44	873	15	166	16	5,5048	50	390	3	56
45	889	16	182	16	5,4999	49	387	3	55
46	904	15	198	16	950	49	384	3	54
47	920	16	215	17	901	49	381	3	53
48	935	15	231	16	852	49	379	2	52
49	951	16	247	16	803	49	376	3	51
50	17966	15	18263	16	5,4755	48	98373	3	50
	cos 0,		cotg 0,		tang		sin 0,		

	sin 0,	d	tang 0,	d	cotg	d	cos 0,	d	
50	17966		18263		5,4755		98373		50
51	982	16	279	16	706	49	370	3	49
52	17997	15	296	17	658	48	367	3	48
53	18012	15	312	16	609	49	364	3	47
54	028	16	328	16	561	48	362	2	46
55	043	15	344	16	513	48	359	3	45
56	059	16	361	17	464	49	356	3	44
57	074	15	377	16	416	48	353	3	43
58	090	16	393	16	368	48	350	3	42
59	105	15	409	16	320	48	347	3	41
60	18121	16	18426	17	5,4272	48	98345	2	40
61	136	15	442	16	224	48	342	3	39
62	151	15	458	16	177	47	339	3	38
63	167	16	474	16	129	48	336	3	37
64	182	15	491	17	082	47	333	3	36
65	198	16	507	16	5,4034	48	330	3	35
66	213	15	523	16	5,3987	47	327	3	34
67	229	16	539	16	939	48	325	2	33
68	244	15	556	17	892	47	322	3	32
69	260	16	572	16	845	47	319	3	31
70	18275	15	18588	16	5,3798	47	98316	3	30
71	290	15	604	16	751	47	313	3	29
72	306	16	621	17	704	47	310	3	28
73	321	15	637	16	657	47	307	3	27
74	337	16	653	16	610	47	304	3	26
75	352	15	669	16	564	46	302	2	25
76	368	16	686	17	517	47	299	3	24
77	383	15	702	16	471	46	296	3	23
78	399	16	718	16	424	47	293	3	22
79	414	15	734	16	378	46	290	3	21
80	18429	15	18751	17	5,3332	46	98287	3	20
81	445	16	767	16	285	47	284	3	19
82	460	15	783	16	239	46	281	3	18
83	476	16	799	16	193	46	278	3	17
84	491	15	816	17	147	46	276	2	16
85	507	16	832	16	101	46	273	3	15
86	522	15	848	16	055	46	270	3	14
87	538	16	864	16	5,3010	45	267	3	13
88	553	15	881	17	5,2964	46	264	3	12
89	568	15	897	16	918	46	261	3	11
90	18584	16	18913	16	5,2873	45	98258	3	10
91	599	15	930	17	827	46	255	3	9
92	615	16	946	16	782	45	252	3	8
93	630	15	962	16	737	45	249	3	7
94	646	16	978	16	692	45	246	3	6
95	661	15	18995	17	646	46	243	3	5
96	676	15	19011	16	601	45	240	3	4
97	692	16	027	16	556	45	238	2	3
98	707	15	043	16	511	45	235	3	2
99	723	16	060	17	467	44	232	3	1
100	18738	15	19076	16	5,2422	45	98229	3	0
	cos 0,		cotg 0,		tang		sin 0,		c

10	88
0,15	5,24

88ᵍ

	3	4	15	16	17	38	39	40	41	42	43	44	45	
1	0,3	0,4	1,5	1,6	1,7	3,8	3,9	4,0	4,1	4,2	4,3	4,4	4,5	1
2	0,6	0,8	3,0	3,2	3,4	7,6	7,8	8,0	8,2	8,4	8,6	8,8	9,0	2
3	0,9	1,2	4,5	4,8	5,1	11,4	11,7	12,0	12,3	12,6	12,9	13,2	13,5	3
4	1,2	1,6	6,0	6,4	6,8	15,2	15,6	16,0	16,4	16,8	17,2	17,6	18,0	4
5	1,5	2,0	7,5	8,0	8,5	19,0	19,5	20,0	20,5	21,0	21,5	22,0	22,5	5
6	1,8	2,4	9,0	9,6	10,2	22,8	23,4	24,0	24,6	25,2	25,8	26,4	27,0	6
7	2,1	2,8	10,5	11,2	11,9	26,6	27,3	28,0	28,7	29,4	30,1	30,8	31,5	7
8	2,4	3,2	12,0	12,8	13,6	30,4	31,2	32,0	32,8	33,6	34,4	35,2	36,0	8
9	2,7	3,6	13,5	14,4	15,3	34,2	35,1	36,0	36,9	37,8	38,7	39,6	40,5	9

12^g

c	sin 0,	d	tang 0,	d	cotg	d	cos 0,	d	
0	18738		19076		5,2422		98229		100
1	754	16	092	16	377	45	226	3	99
2	769	15	109	17	333	44	223	3	98
3	784	15	125	16	288	45	220	3	97
4	800	16	141	16	243	45	217	3	96
5	815	15	157	16	199	44	214	3	95
6	831	16	174	17	155	44	211	3	94
7	846	15	190	16	110	45	208	3	93
8	862	16	206	16	066	44	205	3	92
9	877	15	223	17	5,2022	44	202	3	91
10	18892	15	19239	16	5,1978	44	98199	3	90
11	908	16	255	16	934	44	196	3	89
12	923	15	271	16	890	44	193	3	88
13	939	16	288	17	846	44	190	3	87
14	954	15	304	16	803	43	187	3	86
15	970	16	320	16	759	44	184	3	85
16	18985	15	337	17	715	44	181	3	84
17	19000	15	353	16	672	43	178	3	83
18	016	16	369	16	628	44	175	3	82
19	031	15	386	17	585	43	172	3	81
20	19047	16	19402	16	5,1542	43	98169	3	80
21	062	15	418	16	498	44	166	3	79
22	077	15	434	16	455	43	163	3	78
23	093	16	451	17	412	43	160	3	77
24	108	15	467	16	369	43	157	3	76
25	124	16	483	16	326	43	154	3	75
26	139	15	500	17	283	43	151	3	74
27	155	16	516	16	240	43	148	3	73
28	170	15	532	16	197	43	145	3	72
29	185	15	549	17	155	42	142	3	71
30	19201	16	19565	16	5,1112	43	98139	3	70
31	216	15	581	16	069	43	136	3	69
32	232	16	597	16	5,1027	42	133	3	68
33	247	15	614	17	5,0985	42	130	3	67
34	262	15	630	16	942	43	127	3	66
35	278	16	646	16	900	42	124	3	65
36	293	15	663	17	858	42	121	3	64
37	309	16	679	16	815	43	118	3	63
38	324	15	695	16	773	42	115	3	62
39	340	16	712	17	731	42	112	3	61
40	19355	15	19728	16	5,0689	42	98109	3	60
41	370	15	744	16	647	42	106	3	59
42	386	16	761	17	606	41	103	3	58
43	401	15	777	16	564	42	100	3	57
44	417	16	793	16	522	42	097	3	56
45	432	15	810	17	481	41	094	3	55
46	447	15	826	16	439	42	091	3	54
47	463	16	842	16	398	41	088	3	53
48	478	15	859	17	356	42	085	3	52
49	494	16	875	16	315	41	082	3	51
50	19509	15	19891	16	5,0273	42	98079	3	50
	cos 0,		cotg 0,		tang		sin 0,		

c	sin 0,	d	tang 0,	d	cotg	d	cos 0,	d	
50	19509		19891		5,0273		98079		50
51	524	15	908	17	232	41	075	4	49
52	540	16	924	16	191	41	072	3	48
53	555	15	940	16	150	41	069	3	47
54	571	16	957	17	109	41	066	3	46
55	586	15	973	16	068	41	063	3	45
56	601	15	19989	16	5,0027	41	060	3	44
57	617	16	20006	17	4,9986	41	057	3	43
58	632	15	022	16	945	41	054	3	42
59	648	16	038	16	905	40	051	3	41
60	19663	15	20055	17	4,9864	41	98048	3	40
61	678	15	071	16	823	41	045	3	39
62	694	16	087	16	783	40	042	3	38
63	709	15	104	17	742	41	038	4	37
64	725	16	120	16	702	40	035	3	36
65	740	15	136	16	662	40	032	3	35
66	755	15	153	17	621	41	029	3	34
67	771	16	169	16	581	40	026	3	33
68	786	15	185	16	541	40	023	3	32
69	802	16	202	17	501	40	020	3	31
70	19817	15	20218	16	4,9461	40	98017	3	30
71	832	15	234	16	421	40	014	3	29
72	848	16	251	17	381	40	011	3	28
73	863	15	267	16	341	40	007	4	27
74	879	16	283	16	301	40	004	3	26
75	894	15	300	17	262	39	98001	3	25
76	909	15	316	16	222	40	97998	3	24
77	925	16	333	17	182	40	995	3	23
78	940	15	349	16	143	39	992	3	22
79	956	16	365	16	103	40	989	3	21
80	19971	15	20382	17	4,9064	39	97986	3	20
81	19986	15	398	16	4,9025	39	982	4	19
82	20002	16	414	16	4,8985	40	979	3	18
83	017	15	431	17	946	39	976	3	17
84	033	16	447	16	907	39	973	3	16
85	048	15	463	16	868	39	970	3	15
86	063	15	480	17	829	39	967	3	14
87	079	16	496	16	790	39	963	4	13
88	094	15	513	17	751	39	960	3	12
89	110	16	529	16	712	39	957	3	11
90	20125	15	20545	16	4,8673	39	97954	3	10
91	140	15	562	17	634	39	951	3	9
92	156	16	578	16	596	38	948	3	8
93	171	15	594	16	557	39	945	3	7
94	186	15	611	17	518	39	941	4	6
95	202	16	627	16	480	38	938	3	5
96	217	15	643	16	441	39	935	3	4
97	233	16	660	17	403	38	932	3	3
98	248	15	676	16	365	38	929	3	2
99	263	15	693	17	326	39	925	4	1
100	20279	16	20709	16	4,8288	38	97922	3	0
	cos 0,		cotg 0,		tang		sin 0,		c

87^g

	3	4	15	16	17	33	34	35	36	37	38	
1	0,3	0,4	1,5	1,6	1,7	3,3	3,4	3,5	3,6	3,7	3,8	1
2	0,6	0,8	3,0	3,2	3,4	6,6	6,8	7,0	7,2	7,4	7,6	2
3	0,9	1,2	4,5	4,8	5,1	9,9	10,2	10,5	10,8	11,1	11,4	3
4	1,2	1,6	6,0	6,4	6,8	13,2	13,6	14,0	14,4	14,8	15,2	4
5	1,5	2,0	7,5	8,0	8,5	16,5	17,0	17,5	18,0	18,5	19,0	5
6	1,8	2,4	9,0	9,6	10,2	19,8	20,4	21,0	21,6	22,2	22,8	6
7	2,1	2,8	10,5	11,2	11,9	23,1	23,8	24,5	25,2	25,9	26,6	7
8	2,4	3,2	12,0	12,8	13,6	26,4	27,2	28,0	28,8	29,6	30,4	8
9	2,7	3,6	13,5	14,4	15,3	29,7	30,6	31,5	32,4	33,3	34,2	9

13ᵍ

c	sin 0,	d	tang 0,	d	cotg	d	cos 0,	d	
0	20279		20709		4,8288		97922		100
1	294	15	725	16	250	38	919	3	99
2	309	15	742	17	212	38	916	3	98
3	325	16	758	16	174	38	913	3	97
4	340	15	775	17	136	38	910	3	96
5	356	16	791	16	098	38	906	4	95
6	371	15	807	16	060	38	903	3	94
7	386	15	824	17	4,8022	38	900	3	93
8	402	16	840	16	4,7984	38	897	3	92
9	417	15	856	16	947	37	894	3	91
10	20433	16	20873	17	4,7909	38	97890	4	90
11	448	15	889	16	871	38	887	3	89
12	463	15	906	17	834	37	884	3	88
13	479	16	922	16	796	38	881	3	87
14	494	15	938	16	759	37	877	4	86
15	509	15	955	17	722	37	874	3	85
16	525	16	971	16	684	38	871	3	84
17	540	15	20988	17	647	37	868	3	83
18	556	16	21004	16	610	37	865	3	82
19	571	15	020	16	573	37	861	4	81
20	20586	15	21037	17	4,7536	37	97858	3	80
21	602	16	053	16	499	37	855	3	79
22	617	15	070	17	462	37	852	3	78
23	632	15	086	16	425	37	848	4	77
24	648	16	102	16	388	37	845	3	76
25	663	15	119	17	351	37	842	3	75
26	678	15	135	16	314	37	839	3	74
27	694	16	152	17	278	36	835	4	73
28	709	15	168	16	241	37	832	3	72
29	725	16	185	17	204	37	829	3	71
30	20740	15	21201	16	4,7168	36	97826	3	70
31	755	15	217	16	131	37	822	4	69
32	771	16	234	17	095	36	819	3	68
33	786	15	250	16	058	37	816	3	67
34	801	15	267	17	4,7022	36	813	3	66
35	817	16	283	16	4,6986	36	809	4	65
36	832	15	299	16	950	36	806	3	64
37	848	16	316	17	913	37	803	3	63
38	863	15	332	16	877	36	799	4	62
39	878	15	349	17	841	36	796	3	61
40	20894	16	21365	16	4,6805	36	97793	3	60
41	909	15	382	17	769	36	790	3	59
42	924	15	398	16	733	36	786	4	58
43	940	16	414	16	698	35	783	3	57
44	955	15	431	17	662	36	780	3	56
45	970	15	447	16	626	36	776	4	55
46	20986	16	464	17	590	36	773	3	54
47	21001	15	480	16	555	35	770	3	53
48	016	15	497	17	519	36	767	3	52
49	032	16	513	16	484	35	763	4	51
50	21047	15	21529	16	4,6448	36	97760	3	50
	cos 0,		cotg 0,		tang		sin 0,		

	sin 0,	d	tang 0,	d	cotg	d	cos 0,	d	
50	21047		21529		4,6448		97760		50
51	063	16	546	17	413	35	757	3	49
52	078	15	562	16	377	36	753	4	48
53	093	15	579	17	342	35	750	3	47
54	109	16	595	16	307	35	747	3	46
55	124	15	612	17	271	36	743	4	45
56	139	15	628	16	236	35	740	3	44
57	155	16	645	17	201	35	737	3	43
58	170	15	661	16	166	35	733	4	42
59	185	15	677	16	131	35	730	3	41
60	21201	16	21694	17	4,6096	35	97727	3	40
61	216	15	710	16	061	35	723	4	39
62	231	15	727	17	4,6026	35	720	3	38
63	247	16	743	16	4,5991	35	717	3	37
64	262	15	760	17	957	34	713	4	36
65	277	15	776	16	922	35	710	3	35
66	293	16	793	17	887	35	707	3	34
67	308	15	809	16	853	34	703	4	33
68	324	16	825	16	818	35	700	3	32
69	339	15	842	17	784	34	697	3	31
70	21354	15	21858	16	4,5749	35	97693	4	30
71	370	16	875	17	715	34	690	3	29
72	385	15	891	16	680	35	687	3	28
73	400	15	908	17	646	34	683	4	27
74	416	16	924	16	612	34	680	3	26
75	431	15	941	17	577	35	677	3	25
76	446	15	957	16	543	34	673	4	24
77	462	16	974	17	509	34	670	3	23
78	477	15	21990	16	475	34	666	4	22
79	492	15	22007	17	441	34	663	3	21
80	21508	16	22023	16	4,5407	34	97660	3	20
81	523	15	039	16	373	34	656	4	19
82	538	15	056	17	339	34	653	3	18
83	554	16	072	16	305	34	650	3	17
84	569	15	089	17	272	33	646	4	16
85	584	15	105	16	238	34	643	3	15
86	600	16	122	17	204	34	639	4	14
87	615	15	138	16	171	33	636	3	13
88	630	15	155	17	137	34	633	3	12
89	646	16	171	16	103	34	629	4	11
90	21661	15	22188	17	4,5070	33	97626	3	10
91	676	15	204	16	036	34	622	4	9
92	692	16	221	17	4,5003	33	619	3	8
93	707	15	237	16	4,4970	33	616	3	7
94	722	15	254	17	936	34	612	4	6
95	738	16	270	16	903	33	609	3	5
96	753	15	287	17	870	33	605	4	4
97	768	15	303	16	837	33	602	3	3
98	784	16	320	17	804	33	599	3	2
99	799	15	336	16	770	34	595	4	1
100	21814	15	22353	17	4,4737	33	97592	3	0
	cos 0,		cotg 0,		tang		sin 0,		c

86ᵍ

12 86
0,19 4,47

	3	4	15	16	17	29	30	31	32	33	
1	0,3	0,4	1,5	1,6	1,7	2,9	3,0	3,1	3,2	3,3	1
2	0,6	0,8	3,0	3,2	3,4	5,8	6,0	6,2	6,4	6,6	2
3	0,9	1,2	4,5	4,8	5,1	8,7	9,0	9,3	9,6	9,9	3
4	1,2	1,6	6,0	6,4	6,8	11,6	12,0	12,4	12,8	13,2	4
5	1,5	2,0	7,5	8,0	8,5	14,5	15,0	15,5	16,0	16,5	5
6	1,8	2,4	9,0	9,6	10,2	17,4	18,0	18,6	19,2	19,8	6
7	2,1	2,8	10,5	11,2	11,9	20,3	21,0	21,7	22,4	23,1	7
8	2,4	3,2	12,0	12,8	13,6	23,2	24,0	24,8	25,6	26,4	8
9	2,7	3,6	13,5	14,4	15,3	26,1	27,0	27,9	28,8	29,7	9

14g

c	sin 0,	d	tang 0,	d	cotg	d	cos 0,	d	
0	21814		22353		4,4737		97592		100
1	830	16	369	16	704	33	588	4	99
2	845	15	386	17	672	32	585	3	98
3	860	15	402	16	639	33	581	4	97
4	876	16	419	17	606	33	578	3	96
5	891	15	435	16	573	33	575	3	95
6	906	15	452	17	540	33	571	4	94
7	922	16	468	16	507	33	568	3	93
8	937	15	485	17	475	32	564	4	92
9	952	15	501	16	442	33	561	3	91
10	21968	16	22518	17	4,4410	32	97557	4	90
11	983	15	534	16	377	33	554	3	89
12	21998	15	551	17	345	32	550	4	88
13	22014	16	567	16	312	33	547	3	87
14	029	15	584	17	280	32	543	4	86
15	044	15	600	16	247	33	540	3	85
16	060	16	617	17	215	32	537	3	84
17	075	15	633	16	183	32	533	4	83
18	090	15	650	17	151	32	530	3	82
19	105	15	666	16	119	32	526	4	81
20	22121	16	22683	17	4,4086	33	97523	3	80
21	136	15	699	16	054	32	519	4	79
22	151	15	716	17	4,4022	32	516	3	78
23	167	16	732	16	4,3990	32	512	4	77
24	182	15	749	17	958	32	509	3	76
25	197	15	765	16	926	32	505	4	75
26	213	16	782	17	895	31	502	3	74
27	228	15	798	16	863	32	498	4	73
28	243	15	815	17	831	32	495	3	72
29	259	16	831	16	799	32	491	4	71
30	22274	15	22848	17	4,3768	31	97488	3	70
31	289	15	864	16	736	32	484	4	69
32	305	16	881	17	704	32	481	3	68
33	320	15	898	17	673	31	477	4	67
34	335	15	914	16	641	32	474	3	66
35	351	16	931	17	610	31	470	4	65
36	366	15	947	16	578	32	467	3	64
37	381	15	964	17	547	31	463	4	63
38	396	15	980	16	516	31	460	3	62
39	412	16	22997	17	484	32	456	4	61
40	22427	15	23013	16	4,3453	31	97453	3	60
41	442	15	030	17	422	31	449	4	59
42	458	16	046	16	391	31	446	3	58
43	473	15	063	17	360	31	442	4	57
44	488	15	079	16	329	31	439	3	56
45	504	16	096	17	298	31	435	4	55
46	519	15	113	17	267	31	432	3	54
47	534	15	129	16	236	31	428	4	53
48	550	16	146	17	205	31	424	4	52
49	565	15	162	16	174	31	421	3	51
50	22580	15	23179	17	4,3143	31	97417	4	50
	cos 0,		cotg 0,		tang		sin 0,		

c	sin 0,	d	tang 0,	d	cotg	d	cos 0,	d	
50	22580		23179		4,3143		97417		50
51	595	15	195	16	112	31	414	3	49
52	611	16	212	17	081	31	410	4	48
53	626	15	228	16	051	30	407	3	47
54	641	15	245	17	4,3020	31	403	4	46
55	657	16	262	17	4,2989	31	400	3	45
56	672	15	278	16	959	30	396	4	44
57	687	15	295	17	928	31	392	4	43
58	703	16	311	16	898	30	389	3	42
59	718	15	328	17	867	31	385	4	41
60	22733	15	23344	16	4,2837	30	97382	3	40
61	748	15	361	17	807	30	378	4	39
62	764	16	377	16	776	31	375	3	38
63	779	15	394	17	746	30	371	4	37
64	794	15	411	17	716	30	367	4	36
65	810	16	427	16	685	31	364	3	35
66	825	15	444	17	655	30	360	4	34
67	840	15	460	16	625	30	357	3	33
68	855	15	477	17	595	30	353	4	32
69	871	16	493	16	565	30	350	3	31
70	22886	15	23510	17	4,2535	30	97346	4	30
71	901	15	527	17	505	30	342	4	29
72	917	16	543	16	475	30	339	3	28
73	932	15	560	17	445	30	335	4	27
74	947	15	576	16	415	30	332	3	26
75	963	16	593	17	386	29	328	4	25
76	978	15	610	17	356	30	324	4	24
77	22993	15	626	16	326	30	321	3	23
78	23008	15	643	17	296	30	317	4	22
79	024	16	659	16	267	29	313	4	21
80	23039	15	23676	17	4,2237	30	97310	3	20
81	054	15	692	16	208	29	306	4	19
82	070	16	709	17	178	30	303	3	18
83	085	15	726	17	149	29	299	4	17
84	100	15	742	16	119	30	295	4	16
85	115	15	759	17	090	29	292	3	15
86	131	16	775	16	060	30	288	4	14
87	146	15	792	17	031	29	284	4	13
88	161	15	809	17	4,2002	29	281	3	12
89	176	15	825	16	4,1972	30	277	4	11
90	23192	16	23842	17	4,1943	29	97274	3	10
91	207	15	858	16	914	29	270	4	9
92	222	15	875	17	885	29	266	4	8
93	238	16	892	17	856	29	263	3	7
94	253	15	908	16	827	29	259	4	6
95	268	15	925	17	798	29	255	4	5
96	283	15	941	16	769	29	252	3	4
97	299	16	958	17	740	29	248	4	3
98	314	15	975	17	711	29	244	4	2
99	329	15	23991	16	682	29	241	3	1
100	23345	16	24008	17	4,1653	29	97237	4	0
	cos 0,		cotg 0,		tang		sin 0,		c

85g

	3	4	15	16	17	25	26	27	28	29	
1	0,3	0,4	1,5	1,6	1,7	2,5	2,6	2,7	2,8	2,9	1
2	0,6	0,8	3,0	3,2	3,4	5,0	5,2	5,4	5,6	5,8	2
3	0,9	1,2	4,5	4,8	5,1	7,5	7,8	8,1	8,4	8,7	3
4	1,2	1,6	6,0	6,4	6,8	10,0	10,4	10,8	11,2	11,6	4
5	1,5	2,0	7,5	8,0	8,5	12,5	13,0	13,5	14,0	14,5	5
6	1,8	2,4	9,0	9,6	10,2	15,0	15,6	16,2	16,8	17,4	6
7	2,1	2,8	10,5	11,2	11,9	17,5	18,2	18,9	19,6	20,3	7
8	2,4	3,2	12,0	12,8	13,6	20,0	20,8	21,6	22,4	23,2	8
9	2,7	3,6	13,5	14,4	15,3	22,5	23,4	24,3	25,2	26,1	9

15ᵍ

c	sin 0,	d	tang 0,	d	cotg	d	cos 0,	d	
0	23345	15	24008	16	4,1653	29	97237	4	100
1	360	15	024	17	624	29	233	3	99
2	375	15	041	17	595	28	230	4	98
3	390	16	058	16	567	29	226	4	97
4	406	15	074	17	538	29	222	3	96
5	421	15	091	17	509	28	219	4	95
6	436	15	108	16	481	29	215	4	94
7	451	16	124	17	452	28	211	3	93
8	467	15	141	16	424	29	208	4	92
9	482	15	157	17	395	28	204	4	91
10	23497	16	24174	17	4,1367	29	97200	3	90
11	513	15	191	16	338	28	197	4	89
12	528	15	207	17	310	29	193	4	88
13	543	15	224	17	281	28	189	4	87
14	558	16	241	16	253	28	185	3	86
15	574	15	257	17	225	28	182	4	85
16	589	15	274	16	197	29	178	4	84
17	604	15	290	17	168	28	174	3	83
18	619	16	307	17	140	28	171	4	82
19	635	15	324	16	112	28	167	4	81
20	23650	15	24340	17	4,1084	28	97163	4	80
21	665	15	357	17	056	28	159	3	79
22	680	16	374	16	028	28	156	4	78
23	696	15	390	17	4,1000	28	152	4	77
24	711	15	407	17	4,0972	28	148	3	76
25	726	15	424	16	944	28	145	4	75
26	741	16	440	17	916	28	141	4	74
27	757	15	457	17	888	28	137	4	73
28	772	15	474	16	860	27	133	3	72
29	787	15	490	17	833	28	130	4	71
30	23802	16	24507	16	4,0805	28	97126	4	70
31	818	15	523	17	777	27	122	4	69
32	833	15	540	17	750	28	118	3	68
33	848	16	557	16	722	28	115	4	67
34	864	15	573	17	694	27	111	4	66
35	879	15	590	17	667	28	107	4	65
36	894	15	607	16	639	27	103	3	64
37	909	16	623	17	612	28	100	4	63
38	925	15	640	17	584	27	096	4	62
39	940	15	657	16	557	28	092	4	61
40	23955	15	24673	17	4,0529	27	97088	3	60
41	970	16	690	17	502	27	085	4	59
42	23986	15	707	16	475	28	081	4	58
43	24001	15	723	17	447	27	077	4	57
44	016	15	740	17	420	27	073	3	56
45	031	16	757	16	393	27	070	4	55
46	047	15	773	17	366	27	066	4	54
47	062	15	790	17	339	27	062	4	53
48	077	15	807	16	312	28	058	4	52
49	092	16	823	17	284	27	054	3	51
50	24108	15	24840	17	4,0257	27	97051	4	50
51	123	15	857	16	230	27	047	4	49
52	138	15	873	17	203	26	043	4	48
53	153	15	890	17	177	27	039	4	47
54	168	16	907	17	150	27	035	3	46
55	184	15	924	16	123	27	032	4	45
56	199	15	940	17	096	27	028	4	44
57	214	15	957	17	069	27	024	4	43
58	229	16	974	16	042	26	020	4	42
59	245	15	24990	17	4,0016	27	016	3	41
60	24260	15	25007	17	3,9989	27	97013	4	40
61	275	15	024	16	962	26	009	4	39
62	290	16	040	17	936	27	005	4	38
63	306	15	057	17	909	27	97001	4	37
64	321	15	074	16	882	26	96997	3	36
65	336	15	090	17	856	27	994	4	35
66	351	16	107	17	829	26	990	4	34
67	367	15	124	17	803	27	986	4	33
68	382	15	141	16	776	26	982	4	32
69	397	15	157	17	750	26	978	4	31
70	24412	16	25174	17	3,9724	27	96974	3	30
71	428	15	191	16	697	26	971	4	29
72	443	15	207	17	671	26	967	4	28
73	458	15	224	17	645	27	963	4	27
74	473	15	241	16	618	26	959	4	26
75	488	16	257	17	592	26	955	4	25
76	504	15	274	17	566	26	951	3	24
77	519	15	291	17	540	26	948	4	23
78	534	15	308	16	514	26	944	4	22
79	549	16	324	17	488	26	940	4	21
80	24565	15	25341	17	3,9462	26	96936	4	20
81	580	15	358	16	436	26	932	4	19
82	595	15	374	17	410	26	928	4	18
83	610	15	391	17	384	26	924	3	17
84	625	16	408	17	358	26	921	4	16
85	641	15	425	16	332	26	917	4	15
86	656	15	441	17	306	26	913	4	14
87	671	15	458	17	280	26	909	4	13
88	686	16	475	17	254	25	905	4	12
89	702	15	492	16	229	26	901	4	11
90	24717	15	25508	17	3,9203	26	96897	4	10
91	732	15	525	17	177	25	893	4	9
92	747	15	542	16	152	26	889	3	8
93	762	16	558	17	126	26	886	4	7
94	778	15	575	17	100	25	882	4	6
95	793	15	592	17	075	26	878	4	5
96	808	15	609	16	049	25	874	4	4
97	823	16	625	17	3,9024	26	870	4	3
98	839	15	642	17	3,8998	25	866	4	2
99	854	15	659	17	973	26	862	4	1
100	24869		25676		3,8947		96858		0
	cos 0,		cotg 0,		tang		sin 0,		c

84ᵍ

14 84
0,22 3,89

	3	4	5	15	16	17	22	23	24	25	26	
1	0,3	0,4	0,5	1,5	1,6	1,7	2,2	2,3	2,4	2,5	2,6	1
2	0,6	0,8	1,0	3,0	3,2	3,4	4,4	4,6	4,8	5,0	5,2	2
3	0,9	1,2	1,5	4,5	4,8	5,1	6,6	6,9	7,2	7,5	7,8	3
4	1,2	1,6	2,0	6,0	6,4	6,8	8,8	9,2	9,6	10,0	10,4	4
5	1,5	2,0	2,5	7,5	8,0	8,5	11,0	11,5	12,0	12,5	13,0	5
6	1,8	2,4	3,0	9,0	9,6	10,2	13,2	13,8	14,4	15,0	15,6	6
7	2,1	2,8	3,5	10,5	11,2	11,9	15,4	16,1	16,8	17,5	18,2	7
8	2,4	3,2	4,0	12,0	12,8	13,6	17,6	18,4	19,2	20,0	20,8	8
9	2,7	3,6	4,5	13,5	14,4	15,3	19,8	20,7	21,6	22,5	23,4	9

16ᵍ

c	sin 0,		tang 0,		cotg		cos 0,		
0	24869	15	25676	16	3,8947	25	96858	4	100
1	884	15	692	17	922	25	854	4	99
2	899	16	709	17	897	26	850	3	98
3	915	15	726	17	871	25	847	4	97
4	930	15	743	16	846	25	843	4	96
5	945	15	759	17	821	25	839	4	95
6	960	15	776	17	796	26	835	4	94
7	975	16	793	17	770	25	831	4	93
8	24991	15	810	16	745	25	827	4	92
9	25006	15	826	17	720	25	823	4	91
10	25021	15	25843	17	3,8695	25	96819	4	90
11	036	16	860	17	670	25	815	4	89
12	052	15	877	16	645	25	811	4	88
13	067	15	893	17	620	25	807	4	87
14	082	15	910	17	595	25	803	4	86
15	097	15	927	17	570	25	799	3	85
16	112	16	944	16	545	25	796	4	84
17	128	15	960	17	520	25	792	4	83
18	143	15	977	17	495	25	788	4	82
19	158	15	25994	17	470	24	784	4	81
20	25173	15	26011	17	3,8446	25	96780	4	80
21	188	16	028	16	421	25	776	4	79
22	204	15	044	17	396	25	772	4	78
23	219	15	061	17	371	24	768	4	77
24	234	15	078	17	347	25	764	4	76
25	249	15	095	16	322	25	760	4	75
26	264	16	111	17	297	24	756	4	74
27	280	15	128	17	273	25	752	4	73
28	295	15	145	17	248	24	748	4	72
29	310	15	162	17	224	25	744	4	71
30	25325	15	26179	16	3,8199	24	96740	4	70
31	340	16	195	17	175	25	736	4	69
32	356	15	212	17	150	24	732	4	68
33	371	15	229	17	126	25	728	4	67
34	386	15	246	16	101	24	724	4	66
35	401	15	262	17	077	24	720	4	65
36	416	16	279	17	053	25	716	4	64
37	432	15	296	17	028	24	712	4	63
38	447	15	313	17	3,8004	24	708	4	62
39	462	15	330	16	3,7980	24	704	4	61
40	25477	15	26346	17	3,7956	24	96700	4	60
41	492	15	363	17	932	25	696	4	59
42	507	16	380	17	907	24	692	4	58
43	523	15	397	17	883	24	688	4	57
44	538	15	414	16	859	24	684	4	56
45	553	15	430	17	835	24	680	4	55
46	568	15	447	17	811	24	676	4	54
47	583	16	464	17	787	24	672	4	53
48	599	15	481	17	763	24	668	4	52
49	614	15	498	17	739	24	664	4	51
50	25629		26515		3,7715		96660		50
	cos 0,		cotg 0,		tang		sin 0,		

	sin 0,		tang 0,		cotg		cos 0,		
50	25629	15	26515	16	3,7715	24	96660	4	50
51	644	15	531	17	691	24	656	4	49
52	659	15	548	17	667	23	652	4	48
53	674	16	565	17	644	24	648	4	47
54	690	15	582	17	620	24	644	4	46
55	705	15	599	16	596	24	640	4	45
56	720	15	615	17	572	24	636	4	44
57	735	15	632	17	548	23	632	4	43
58	750	16	649	17	525	24	628	4	42
59	766	15	666	17	501	24	624	4	41
60	25781	15	26683	17	3,7477	23	96620	4	40
61	796	15	700	16	454	24	616	4	39
62	811	15	716	17	430	23	612	5	38
63	826	15	733	17	407	24	607	4	37
64	841	16	750	17	383	23	603	4	36
65	857	15	767	17	360	24	599	4	35
66	872	15	784	17	336	23	595	4	34
67	887	15	801	16	313	24	591	4	33
68	902	15	817	17	289	23	587	4	32
69	917	15	834	17	266	24	583	4	31
70	25932	16	26851	17	3,7242	23	96579	4	30
71	948	15	868	17	219	23	575	4	29
72	963	15	885	17	196	23	571	4	28
73	978	15	902	16	173	24	567	4	27
74	25993	15	918	17	149	23	563	4	26
75	26008	15	935	17	126	23	559	4	25
76	023	16	952	17	103	23	555	5	24
77	039	15	969	17	080	23	550	4	23
78	054	15	26986	17	057	24	546	4	22
79	069	15	27003	17	033	23	542	4	21
80	26084	15	27020	16	3,7010	23	96538	4	20
81	099	15	036	17	3,6987	23	534	4	19
82	114	16	053	17	964	23	530	4	18
83	130	15	070	17	941	23	526	4	17
84	145	15	087	17	918	23	522	4	16
85	160	15	104	17	895	23	518	4	15
86	175	15	121	17	872	23	514	5	14
87	190	15	138	16	849	23	509	4	13
88	205	16	154	17	826	22	505	4	12
89	221	15	171	17	804	23	501	4	11
90	26236	15	27188	17	3,6781	23	96497	4	10
91	251	15	205	17	758	23	493	4	9
92	266	15	222	17	735	23	489	4	8
93	281	15	239	17	712	22	485	4	7
94	296	16	256	17	690	23	481	5	6
95	312	15	273	16	667	23	476	4	5
96	327	15	289	17	644	22	472	4	4
97	342	15	306	17	622	23	468	4	3
98	357	15	323	17	599	23	464	4	2
99	372	15	340	17	576	22	460	4	1
100	26387		27357		3,6554		96456		0
	cos 0,		cotg 0,		tang		sin 0,		c

83ᵍ

	4	5	15	16	17	18	20	21	22	23	
1	0,4	0,5	1,5	1,6	1,7	1,8	2,0	2,1	2,2	2,3	1
2	0,8	1,0	3,0	3,2	3,4	3,6	4,0	4,2	4,4	4,6	2
3	1,2	1,5	4,5	4,8	5,1	5,4	6,0	6,3	6,6	6,9	3
4	1,6	2,0	6,0	6,4	6,8	7,2	8,0	8,4	8,8	9,2	4
5	2,0	2,5	7,5	8,0	8,5	9,0	10,0	10,5	11,0	11,5	5
6	2,4	3,0	9,0	9,6	10,2	10,8	12,0	12,6	13,2	13,8	6
7	2,8	3,5	10,5	11,2	11,9	12,6	14,0	14,7	15,4	16,1	7
8	3,2	4,0	12,0	12,8	13,6	14,4	16,0	16,8	17,6	18,4	8
9	3,6	4,5	13,5	14,4	15,3	16,2	18,0	18,9	19,8	20,7	9

17^g

c	sin 0,	d	tang 0,	d	cotg	d	cos 0,	d	
0	26387	15	27357	17	3,6554	23	96456	4	100
1	402	16	374	17	531	22	452	5	99
2	418	15	391	17	509	23	447	4	98
3	433	15	408	16	486	22	443	4	97
4	448	15	424	17	464	23	439	4	96
5	463	15	441	17	441	22	435	4	95
6	478	15	458	17	419	22	431	4	94
7	493	15	475	17	397	23	427	4	93
8	508	16	492	17	374	22	423	5	92
9	524	15	509	17	352	22	418	4	91
10	26539	15	27526	17	3,6330	23	96414	4	90
11	554	15	543	17	307	22	410	4	89
12	569	15	560	17	285	22	406	4	88
13	584	15	577	16	263	22	402	5	87
14	599	16	593	17	241	23	397	4	86
15	615	15	610	17	218	22	393	4	85
16	630	15	627	17	196	22	389	4	84
17	645	15	644	17	174	22	385	4	83
18	660	15	661	17	152	22	381	4	82
19	675	15	678	17	130	22	377	5	81
20	26690	15	27695	17	3,6108	22	96372	4	80
21	705	15	712	17	086	22	368	4	79
22	720	16	729	17	064	22	364	4	78
23	736	15	746	17	042	22	360	4	77
24	751	15	763	16	3,6020	22	356	5	76
25	766	15	779	17	3,5998	22	351	4	75
26	781	15	796	17	976	22	347	4	74
27	796	15	813	17	954	22	343	4	73
28	811	15	830	17	932	22	339	4	72
29	826	16	847	17	910	21	335	5	71
30	26842	15	27864	17	3,5889	22	96330	4	70
31	857	15	881	17	867	22	326	4	69
32	872	15	898	17	845	22	322	4	68
33	887	15	915	17	823	21	318	5	67
34	902	15	932	17	802	22	313	4	66
35	917	15	949	17	780	22	309	4	65
36	932	15	966	17	758	22	305	4	64
37	947	16	27983	17	736	21	301	4	63
38	963	15	28000	16	715	22	297	5	62
39	978	15	016	17	693	21	292	4	61
40	26993	15	28033	17	3,5672	22	96288	4	60
41	27008	15	050	17	650	21	284	4	59
42	023	15	067	17	629	22	280	5	58
43	038	15	084	17	607	21	275	4	57
44	053	15	101	17	586	22	271	4	56
45	068	16	118	17	564	21	267	4	55
46	084	15	135	17	543	22	263	5	54
47	099	15	152	17	521	21	258	4	53
48	114	15	169	17	500	21	254	4	52
49	129	15	186	17	479	22	250	4	51
50	27144		28203		3,5457		96246		50
	cos 0,		cotg 0,		tang		sin 0,		

c	sin 0,	d	tang 0,	d	cotg	d	cos 0,	d	
50	27144	15	28203	17	3,5457	21	96246	5	50
51	159	15	220	17	436	21	241	4	49
52	174	15	237	17	415	22	237	4	48
53	189	16	254	17	393	21	233	5	47
54	205	15	271	17	372	21	228	4	46
55	220	15	288	17	351	21	224	4	45
56	235	15	305	17	330	21	220	4	44
57	250	15	322	17	309	21	216	5	43
58	265	15	339	17	288	22	211	4	42
59	280	15	356	17	266	21	207	4	41
60	27295	15	28373	17	3,5245	21	96203	5	40
61	310	15	390	17	224	21	198	4	39
62	325	16	407	16	203	21	194	4	38
63	341	15	423	17	182	21	190	4	37
64	356	15	440	17	161	21	186	5	36
65	371	15	457	17	140	21	181	4	35
66	386	15	474	17	119	21	177	4	34
67	401	15	491	17	098	21	173	5	33
68	416	15	508	17	077	20	168	4	32
69	431	15	525	17	057	21	164	4	31
70	27446	15	28542	17	3,5036	21	96160	5	30
71	461	15	559	17	3,5015	21	155	4	29
72	476	16	576	17	3,4994	21	151	4	28
73	492	15	593	17	973	21	147	4	27
74	507	15	610	17	952	20	143	5	26
75	522	15	627	17	932	21	138	4	25
76	537	15	644	17	911	21	134	4	24
77	552	15	661	17	890	20	130	5	23
78	567	15	678	17	870	21	125	4	22
79	582	15	695	17	849	21	121	4	21
80	27597	15	28712	17	3,4828	20	96117	5	20
81	612	15	729	17	808	21	112	4	19
82	627	16	746	17	787	21	108	4	18
83	643	15	763	17	766	20	104	5	17
84	658	15	780	17	746	21	099	4	16
85	673	15	797	17	725	20	095	5	15
86	688	15	814	17	705	21	090	4	14
87	703	15	831	17	684	20	086	4	13
88	718	15	848	17	664	20	082	5	12
89	733	15	865	17	644	21	077	4	11
90	27748	15	28882	17	3,4623	20	96073	4	10
91	763	15	899	17	603	21	069	5	9
92	778	16	916	17	582	20	064	4	8
93	794	15	933	18	562	20	060	4	7
94	809	15	951	17	542	21	056	5	6
95	824	15	968	17	521	20	051	4	5
96	839	15	28985	17	501	20	047	4	4
97	854	15	29002	17	481	20	043	5	3
98	869	15	019	17	461	21	038	4	2
99	884	15	036	17	440	20	034	5	1
100	27899		29053		3,4420		96029		0
	cos 0,		cotg 0,		tang		sin 0,		c

82^g

16 82
0,25 3,44

16 82
0,25 3,44

	4	5	15	16	17	18	19	20	21	
1	0,4	0,5	1,5	1,6	1,7	1,8	1,9	2,0	2,1	1
2	0,8	1,0	3,0	3,2	3,4	3,6	3,8	4,0	4,2	2
3	1,2	1,5	4,5	4,8	5,1	5,4	5,7	6,0	6,3	3
4	1,6	2,0	6,0	6,4	6,8	7,2	7,6	8,0	8,4	4
5	2,0	2,5	7,5	8,0	8,5	9,0	9,5	10,0	10,5	5
6	2,4	3,0	9,0	9,6	10,2	10,8	11,4	12,0	12,6	6
7	2,8	3,5	10,5	11,2	11,9	12,6	13,3	14,0	14,7	7
8	3,2	4,0	12,0	12,8	13,6	14,4	15,2	16,0	16,8	8
9	3,6	4,5	13,5	14,4	15,3	16,2	17,1	18,0	18,9	9

18ᵍ

c	sin 0,	d	tang 0,	d	cotg	d	cos 0,	d	
0	27899	15	29053	17	3,4420	20	96029	4	100
1	914	15	070	17	400	20	025	4	99
2	929	15	087	17	380	20	021	5	98
3	944	15	104	17	360	20	016	4	97
4	959	16	121	17	340	20	012	5	96
5	975	15	138	17	320	20	007	4	95
6	27990	15	155	17	300	21	96003	4	94
7	28005	15	172	17	279	20	95999	5	93
8	020	15	189	17	259	20	994	4	92
9	035	15	206	17	239	19	990	5	91
10	28050	15	29223	17	3,4220	20	95985	4	90
11	065	15	240	17	200	20	981	4	89
12	080	15	257	17	180	20	977	5	88
13	095	15	274	17	160	20	972	4	87
14	110	15	291	17	140	20	968	5	86
15	125	15	308	17	120	20	963	4	85
16	140	15	325	17	100	20	959	4	84
17	155	16	342	18	080	20	955	5	83
18	171	15	360	17	060	19	950	4	82
19	186	15	377	17	041	20	946	5	81
20	28201	15	29394	17	3,4021	20	95941	4	80
21	216	15	411	17	3,4001	20	937	5	79
22	231	15	428	17	3,3981	19	932	4	78
23	246	15	445	17	962	20	928	4	77
24	261	15	462	17	942	20	924	5	76
25	276	15	479	17	922	19	919	4	75
26	291	15	496	17	903	20	915	5	74
27	306	15	513	17	883	19	910	4	73
28	321	15	530	17	864	20	906	5	72
29	336	15	547	17	844	20	901	4	71
30	28351	15	29564	17	3,3824	19	95897	5	70
31	366	15	581	18	805	20	892	4	69
32	381	16	599	17	785	19	888	5	68
33	397	15	616	17	766	20	883	4	67
34	412	15	633	17	746	19	879	4	66
35	427	15	650	17	727	19	875	5	65
36	442	15	667	17	708	20	870	4	64
37	457	15	684	17	688	19	866	5	63
38	472	15	701	17	669	20	861	4	62
39	487	15	718	17	649	19	857	5	61
40	28502	15	29735	17	3,3630	19	95852	4	60
41	517	15	752	17	611	20	848	5	59
42	532	15	769	18	591	19	843	4	58
43	547	15	787	17	572	19	839	5	57
44	562	15	804	17	553	19	834	4	56
45	577	15	821	17	534	20	830	5	55
46	592	15	838	17	514	19	825	4	54
47	607	15	855	17	495	19	821	5	53
48	622	15	872	17	476	19	816	4	52
49	637	15	889	17	457	19	812	5	51
50	28652		29906		3,3438		95807		50
	cos 0,		cotg 0,		tang		sin 0,		

c	sin 0,	d	tang 0,	d	cotg	d	cos 0,	d	
50	28652	16	29906	17	3,3438	19	95807	4	50
51	668	15	923	18	419	20	803	5	49
52	683	15	941	17	399	19	798	4	48
53	698	15	958	17	380	19	794	5	47
54	713	15	975	17	361	19	789	4	46
55	728	15	29992	17	342	19	785	5	45
56	743	15	30009	17	323	19	780	4	44
57	758	15	026	17	304	19	776	5	43
58	773	15	043	17	285	19	771	4	42
59	788	15	060	18	266	19	767	5	41
60	28803	15	30078	17	3,3247	19	95762	4	40
61	818	15	095	17	228	18	758	5	39
62	833	15	112	17	210	19	753	4	38
63	848	15	129	17	191	19	749	5	37
64	863	15	146	17	172	19	744	4	36
65	878	15	163	17	153	19	740	5	35
66	893	15	180	17	134	19	735	5	34
67	908	15	197	18	115	18	730	4	33
68	923	15	215	17	097	19	726	5	32
69	938	15	232	17	078	19	721	4	31
70	28953	15	30249	17	3,3059	19	95717	5	30
71	968	15	266	17	040	18	712	4	29
72	983	15	283	17	022	19	708	5	28
73	28998	15	300	18	3,3003	19	703	4	27
74	29013	15	318	17	3,2984	18	699	5	26
75	028	15	335	17	966	19	694	5	25
76	043	16	352	17	947	19	689	4	24
77	059	15	369	17	928	18	685	5	23
78	074	15	386	17	910	19	680	4	22
79	089	15	403	17	891	18	676	5	21
80	29104	15	30420	18	3,2873	19	95671	4	20
81	119	15	438	17	854	18	667	5	19
82	134	15	455	17	836	19	662	5	18
83	149	15	472	17	817	18	657	4	17
84	164	15	489	17	799	19	653	5	16
85	179	15	506	17	780	18	648	4	15
86	194	15	523	18	762	19	644	5	14
87	209	15	541	17	743	18	639	4	13
88	224	15	558	17	725	19	635	5	12
89	239	15	575	17	706	18	630	5	11
90	29254	15	30592	17	3,2688	18	95625	4	10
91	269	15	609	18	670	19	621	5	9
92	284	15	627	17	651	18	616	4	8
93	299	15	644	17	633	18	612	5	7
94	314	15	661	17	615	18	607	5	6
95	329	15	678	17	597	19	602	4	5
96	344	15	695	17	578	18	598	5	4
97	359	15	712	18	560	18	593	4	3
98	374	15	730	17	542	18	589	5	2
99	389	15	747	17	524	18	584	5	1
100	29404		30764		3,2506		95579		0
	cos 0,		cotg 0,		tang		sin 0,		c

81ᵍ

	4	5	14	15	16	17	18	19	
1	0,4	0,5	1,4	1,5	1,6	1,7	1,8	1,9	1
2	0,8	1,0	2,8	3,0	3,2	3,4	3,6	3,8	2
3	1,2	1,5	4,2	4,5	4,8	5,1	5,4	5,7	3
4	1,6	2,0	5,6	6,0	6,4	6,8	7,2	7,6	4
5	2,0	2,5	7,0	7,5	8,0	8,5	9,0	9,5	5
6	2,4	3,0	8,4	9,0	9,6	10,2	10,8	11,4	6
7	2,8	3,5	9,8	10,5	11,2	11,9	12,6	13,3	7
8	3,2	4,0	11,2	12,0	12,8	13,6	14,4	15,2	8
9	3,6	4,5	12,6	13,5	14,4	15,3	16,2	17,1	9

19^g

c	sin 0,		tang 0,		cotg		cos 0,		
0	29404	15	30764	17	3,2506	19	95579	4	100
1	419	15	781	17	487	18	575	5	99
2	434	15	798	18	469	18	570	5	98
3	449	15	816	17	451	18	565	4	97
4	464	15	833	17	433	18	561	5	96
5	479	15	850	17	415	18	556	4	95
6	494	15	867	17	397	18	552	5	94
7	509	15	884	18	379	18	547	5	93
8	524	15	902	17	361	18	542	4	92
9	539	15	919	17	343	18	538	5	91
10	29554	15	30936	17	3,2325	18	95533	5	90
11	569	15	953	17	307	18	528	4	89
12	584	15	970	18	289	18	524	5	88
13	599	15	30988	17	271	18	519	5	87
14	614	15	31005	17	253	18	514	4	86
15	629	15	022	17	235	18	510	5	85
16	644	15	039	18	217	18	505	5	84
17	659	15	057	17	199	18	500	4	83
18	674	15	074	17	181	17	496	5	82
19	689	15	091	17	164	18	491	5	81
20	29704	15	31108	17	3,2146	18	95486	4	80
21	719	15	125	18	128	18	482	5	79
22	734	15	143	17	110	18	477	5	78
23	749	15	160	17	092	17	472	4	77
24	764	15	177	17	075	18	468	5	76
25	779	15	194	18	057	18	463	5	75
26	794	15	212	17	039	17	458	4	74
27	809	15	229	17	022	18	454	5	73
28	824	15	246	17	3,2004	18	449	5	72
29	839	15	263	18	3,1986	17	444	4	71
30	29854	15	31281	17	3,1969	18	95440	5	70
31	869	15	298	17	951	18	435	5	69
32	884	15	315	17	933	17	430	4	68
33	899	15	332	18	916	18	426	5	67
34	914	15	350	17	898	17	421	5	66
35	929	15	367	17	881	18	416	5	65
36	944	15	384	17	863	17	411	4	64
37	959	15	401	18	846	18	407	5	63
38	974	15	419	17	828	17	402	5	62
39	29989	15	436	17	811	18	397	4	61
40	30004	15	31453	17	3,1793	17	95393	5	60
41	019	15	470	18	776	18	388	5	59
42	034	15	488	17	758	17	383	4	58
43	049	15	505	17	741	17	379	5	57
44	064	15	522	17	724	18	374	5	56
45	079	15	539	18	706	17	369	5	55
46	094	15	557	17	689	17	364	4	54
47	109	15	574	17	672	18	360	5	53
48	124	15	591	18	654	17	355	5	52
49	139	15	609	17	637	17	350	5	51
50	30154		31626		3,1620		95345		50
	cos 0,		cotg 0,		tang		sin 0,		

	sin 0,		tang 0,		cotg		cos 0,		
50	30154	15	31626	17	3,1620	18	95345	4	50
51	169	15	643	17	602	17	341	5	49
52	184	15	660	18	585	17	336	5	48
53	199	15	678	17	568	17	331	5	47
54	214	15	695	17	551	17	326	4	46
55	229	15	712	18	534	18	322	5	45
56	244	15	730	17	516	17	317	5	44
57	259	15	747	17	499	17	312	5	43
58	274	15	764	17	482	17	307	4	42
59	289	15	781	18	465	17	303	5	41
60	30304	14	31799	17	3,1448	17	95298	5	40
61	318	15	816	17	431	17	293	5	39
62	333	15	833	18	414	17	288	4	38
63	348	15	851	17	397	17	284	5	37
64	363	15	868	17	380	18	279	5	36
65	378	15	885	18	362	17	274	5	35
66	393	15	903	17	345	17	269	4	34
67	408	15	920	17	328	17	265	5	33
68	423	15	937	17	311	16	260	5	32
69	438	15	954	18	295	17	255	5	31
70	30453	15	31972	17	3,1278	17	95250	5	30
71	468	15	31989	17	261	17	245	4	29
72	483	15	32006	18	244	17	241	5	28
73	498	15	024	17	227	17	236	5	27
74	513	15	041	17	210	17	231	5	26
75	528	15	058	18	193	17	226	5	25
76	543	15	076	17	176	17	221	4	24
77	558	15	093	17	159	16	217	5	23
78	573	15	110	18	143	17	212	5	22
79	588	15	128	17	126	17	207	5	21
80	30603	15	32145	17	3,1109	17	95202	5	20
81	618	15	162	18	092	16	197	4	19
82	633	15	180	17	076	17	193	5	18
83	648	15	197	17	059	17	188	5	17
84	663	15	214	18	042	17	183	5	16
85	678	14	232	17	025	16	178	5	15
86	692	15	249	17	3,1009	17	173	4	14
87	707	15	266	18	3,0992	17	169	5	13
88	722	15	284	17	975	16	164	5	12
89	737	15	301	17	959	17	159	5	11
90	30752	15	32318	18	3,0942	16	95154	5	10
91	767	15	336	17	926	17	149	5	9
92	782	15	353	17	909	17	144	4	8
93	797	15	370	18	892	16	140	5	7
94	812	15	388	17	876	17	135	5	6
95	827	15	405	18	859	16	130	5	5
96	842	15	423	17	843	17	125	5	4
97	857	15	440	17	826	16	120	5	3
98	872	15	457	18	810	17	115	4	2
99	887	15	475	17	793	16	111	5	1
100	30902		32492		3,0777		95106		0
	cos 0,		cotg 0,		tang		sin 0,		c

80^g

	5	6	14	15	17	18	137	138	139	140	141	142	143	144	145	146	147	
1	0,5	0,6	1,4	1,5	1,7	1,8	13,7	13,8	13,9	14,0	14,1	14,2	14,3	14,4	14,5	14,6	14,7	1
2	1,0	1,2	2,8	3,0	3,4	3,6	27,4	27,6	27,8	28,0	28,2	28,4	28,6	28,8	29,0	29,2	29,4	2
3	1,5	1,8	4,2	4,5	5,1	5,4	41,1	41,4	41,7	42,0	42,3	42,6	42,9	43,2	43,5	43,8	44,1	3
4	2,0	2,4	5,6	6,0	6,8	7,2	54,8	55,2	55,6	56,0	56,4	56,8	57,2	57,6	58,0	58,4	58,8	4
5	2,5	3,0	7,0	7,5	8,5	9,0	68,5	69,0	69,5	70,0	70,5	71,0	71,5	72,0	72,5	73,0	73,5	5
6	3,0	3,6	8,4	9,0	10,2	10,8	82,2	82,8	83,4	84,0	84,6	85,2	85,8	86,4	87,0	87,6	88,2	6
7	3,5	4,2	9,8	10,5	11,9	12,6	95,9	96,6	97,3	98,0	98,7	99,4	100,1	100,8	101,5	102,2	102,9	7
8	4,0	4,8	11,2	12,0	13,6	14,4	109,6	110,4	111,2	112,0	112,8	113,6	114,4	115,2	116,0	116,8	117,6	8
9	4,5	5,4	12,6	13,5	15,3	16,2	123,3	124,2	125,1	126,0	126,9	127,8	128,7	129,6	130,5	131,4	132,3	9

20^g

c	sin 0,	d	tang 0,	d	cotg	d	cos 0,	d	
0	30902	15	32492	17	3,07768	164	95106	5	100
1	917	15	509	18	604	164	101	5	99
2	932	15	527	17	440	164	096	5	98
3	947	14	544	17	276	164	091	5	97
4	961	15	561	18	3,07112	164	086	5	96
5	976	15	579	17	3,06948	164	081	5	95
6	30991	15	596	18	784	163	076	4	94
7	31006	15	614	17	621	164	072	5	93
8	021	15	631	17	457	163	067	5	92
9	036	15	648	18	294	163	062	5	91
10	31051	15	32666	17	3,06131	163	95057	5	90
11	066	15	683	17	3,05968	162	052	5	89
12	081	15	700	18	806	163	047	5	88
13	096	15	718	17	643	162	042	5	87
14	111	15	735	18	481	162	037	4	86
15	126	15	753	17	319	162	033	5	85
16	141	15	770	17	3,05157	162	028	5	84
17	156	14	787	18	3,04995	162	023	5	83
18	170	15	805	17	833	162	018	5	82
19	185	15	822	18	671	161	013	5	81
20	31200	15	32840	17	3,04510	161	95008	5	80
21	215	15	857	17	349	161	95003	5	79
22	230	15	874	18	188	161	94998	5	78
23	245	15	892	17	3,04027	161	993	5	77
24	260	15	909	18	3,03866	161	988	4	76
25	275	15	927	17	705	160	984	5	75
26	290	15	944	18	545	161	979	5	74
27	305	15	962	17	384	160	974	5	73
28	320	15	979	17	224	160	969	5	72
29	335	15	32996	18	3,03064	160	964	5	71
30	31350	14	33014	17	3,02904	160	94959	5	70
31	364	15	031	18	744	159	954	5	69
32	379	15	049	17	585	160	949	5	68
33	394	15	066	17	425	159	944	5	67
34	409	15	083	18	266	159	939	5	66
35	424	15	101	17	3,02107	159	934	5	65
36	439	15	118	18	3,01948	159	929	5	64
37	454	15	136	17	789	159	924	4	63
38	469	15	153	18	630	158	920	5	62
39	484	15	171	17	472	159	915	5	61
40	31499	15	33188	17	3,01313	158	94910	5	60
41	514	14	205	18	3,01155	158	905	5	59
42	528	15	223	17	3,00997	158	900	5	58
43	543	15	240	18	839	158	895	5	57
44	558	15	258	17	681	157	890	5	56
45	573	15	275	18	524	158	885	5	55
46	588	15	293	17	366	157	880	5	54
47	603	15	310	18	209	158	875	5	53
48	618	15	328	17	3,00051	157	870	5	52
49	633	15	345	18	2,99894	156	865	5	51
50	31648		33363		2,99738		94860		50
	cos 0,		cotg 0,		tang		sin 0,		

	sin 0,	d	tang 0,	d	cotg	d	cos 0,	d	
50	31648	15	33363	17	2,99738	157	94860	5	50
51	663	14	380	17	581	157	855	5	49
52	677	15	397	18	424	156	850	5	48
53	692	15	415	17	268	157	845	5	47
54	707	15	432	18	2,99111	156	840	5	46
55	722	15	450	17	2,98955	156	835	5	45
56	737	15	467	18	799	156	830	5	44
57	752	15	485	17	643	155	825	5	43
58	767	15	502	18	488	156	820	5	42
59	782	15	520	17	332	155	815	5	41
60	31797	15	33537	18	2,98177	156	94810	5	40
61	812	14	555	17	2,98021	155	805	5	39
62	826	15	572	18	2,97866	155	800	5	38
63	841	15	590	17	711	155	795	5	37
64	856	15	607	18	556	154	790	5	36
65	871	15	625	17	402	155	785	5	35
66	886	15	642	18	247	154	780	5	34
67	901	15	660	17	2,97093	155	775	5	33
68	916	15	677	18	2,96938	154	770	5	32
69	931	15	695	17	784	154	765	5	31
70	31946	14	33712	18	2,96630	154	94760	5	30
71	960	15	730	17	476	153	755	5	29
72	975	15	747	18	323	154	750	5	28
73	31990	15	765	17	169	153	745	5	27
74	32005	15	782	18	2,96016	154	740	5	26
75	020	15	800	17	2,95862	153	735	5	25
76	035	15	817	18	709	153	730	5	24
77	050	15	835	17	556	153	725	5	23
78	065	14	852	18	403	152	720	5	22
79	079	15	870	17	251	153	715	5	21
80	32094	15	33887	18	2,95098	152	94710	5	20
81	109	15	905	17	2,94946	153	705	5	19
82	124	15	922	18	793	152	700	5	18
83	139	15	940	17	641	152	695	5	17
84	154	15	957	18	489	152	690	5	16
85	169	15	975	17	337	151	685	5	15
86	184	14	33992	18	186	152	680	6	14
87	198	15	34010	17	2,94034	151	674	5	13
88	213	15	027	18	2,93883	152	669	5	12
89	228	15	045	17	731	151	664	5	11
90	32243	15	34062	18	2,93580	151	94659	5	10
91	258	15	080	17	429	151	654	5	9
92	273	15	097	18	278	151	649	5	8
93	288	15	115	17	2,93127	150	644	5	7
94	303	14	132	18	2,92977	151	639	5	6
95	317	15	150	17	826	150	634	5	5
96	332	15	167	18	676	150	629	5	4
97	347	15	185	18	526	150	624	5	3
98	362	15	203	17	376	150	619	5	2
99	377	15	220	18	226	150	614	5	1
100	32392		34238		2,92076		94609		0
	cos 0,		cotg 0,		tang		sin 0,		c

79^g

	148	149	150	151	152	153	154	155	156	157	158	159	160	161	162	163	164	
1	14,8	14,9	15,0	15,1	15,2	15,3	15,4	15,5	15,6	15,7	15,8	15,9	16,0	16,1	16,2	16,3	16,4	1
2	29,6	29,8	30,0	30,2	30,4	30,6	30,8	31,0	31,2	31,4	31,6	31,8	32,0	32,2	32,4	32,6	32,8	2
3	44,4	44,7	45,0	45,3	45,6	45,9	46,2	46,5	46,8	47,1	47,4	47,7	48,0	48,3	48,6	48,9	49,2	3
4	59,2	59,6	60,0	60,4	60,8	61,2	61,6	62,0	62,4	62,8	63,2	63,6	64,0	64,4	64,8	65,2	65,6	4
5	74,0	74,5	75,0	75,5	76,0	76,5	77,0	77,5	78,0	78,5	79,0	79,5	80,0	80,5	81,0	81,5	82,0	5
6	88,8	89,4	90,0	90,6	91,2	91,8	92,4	93,0	93,6	94,2	94,8	95,4	96,0	96,6	97,2	97,8	98,4	6
7	103,6	104,3	105,0	105,7	106,4	107,1	107,8	108,5	109,2	109,9	110,6	111,3	112,0	112,7	113,4	114,1	114,8	7
8	118,4	119,2	120,0	120,8	121,6	122,4	123,2	124,0	124,8	125,6	126,4	127,2	128,0	128,8	129,6	130,4	131,2	8
9	133,2	134,1	135,0	135,9	136,8	137,7	138,6	139,5	140,4	141,3	142,2	143,1	144,0	144,9	145,8	146,7	147,6	9

21^g

c	sin 0,	d	tang 0,	d	cotg	d	cos 0,	d	
0	32392	15	34238	17	2,92076	150	94609	6	100
1	407	14	255	18	1926	149	603	5	99
2	421	15	273	17	1777	149	598	5	98
3	436	15	290	18	1628	150	593	5	97
4	451	15	308	17	1478	149	588	5	96
5	466	15	325	18	1329	149	583	5	95
6	481	15	343	18	1180	149	578	5	94
7	496	15	361	17	1031	148	573	5	93
8	511	14	378	18	0883	149	568	5	92
9	525	15	396	17	0734	148	563	5	91
10	32540	15	34413	18	2,90586	148	94558	6	90
11	555	15	431	17	0438	149	552	5	89
12	570	15	448	18	0289	148	547	5	88
13	585	15	466	18	2,90141	147	542	5	87
14	600	15	484	17	2,89994	148	537	5	86
15	615	14	501	18	9846	148	532	5	85
16	629	15	519	17	9698	147	527	5	84
17	644	15	536	18	9551	148	522	5	83
18	659	15	554	17	9403	147	517	6	82
19	674	15	571	18	9256	147	511	5	81
20	32689	15	34589	18	2,89109	147	94506	5	80
21	704	14	607	17	8962	147	501	5	79
22	718	15	624	18	8815	146	496	5	78
23	733	15	642	17	8669	147	491	5	77
24	748	15	659	18	8522	146	486	5	76
25	763	15	677	18	8376	147	481	6	75
26	778	15	695	17	8229	146	475	5	74
27	793	15	712	18	8083	146	470	5	73
28	808	14	730	17	7937	146	465	5	72
29	822	15	747	18	7791	145	460	5	71
30	32837	15	34765	18	2,87646	146	94455	5	70
31	852	15	783	17	7500	145	450	5	69
32	867	15	800	18	7355	146	445	6	68
33	882	15	818	17	7209	145	439	5	67
34	897	14	835	18	7064	145	434	5	66
35	911	15	853	18	6919	145	429	5	65
36	926	15	871	17	6774	145	424	5	64
37	941	15	888	18	6629	144	419	5	63
38	956	15	906	18	6485	145	414	6	62
39	971	15	924	17	6340	144	408	5	61
40	32986	14	34941	18	2,86196	145	94403	5	60
41	33000	15	959	17	6051	144	398	5	59
42	015	15	976	18	5907	144	393	5	58
43	030	15	34994	18	5763	144	388	6	57
44	045	15	35012	17	5619	144	382	5	56
45	060	14	029	18	5475	143	377	5	55
46	074	15	047	18	5332	144	372	5	54
47	089	15	065	17	5188	143	367	5	53
48	104	15	082	18	5045	144	362	6	52
49	119	15	100	18	4901	143	356	5	51
50	33134		35118		2,84758		94351		50
	cos 0,		cotg 0,		tang		sin 0,		

c	sin 0,	d	tang 0,	d	cotg	d	cos 0,	d	
50	33134	15	35118	17	2,84758	143	94351	5	50
51	149	14	135	18	4615	143	346	5	49
52	163	15	153	17	4472	142	341	5	48
53	178	15	170	18	4330	143	336	6	47
54	193	15	188	18	4187	142	330	5	46
55	208	15	206	17	4045	143	325	5	45
56	223	15	223	18	3902	142	320	5	44
57	238	14	241	18	3760	142	315	5	43
58	252	15	259	17	3618	142	310	6	42
59	267	15	276	18	3476	142	304	5	41
60	33282	15	35294	18	2,83334	142	94299	5	40
61	297	15	312	17	3192	141	294	5	39
62	312	14	329	18	3051	142	289	6	38
63	326	15	347	18	2909	141	283	5	37
64	341	15	365	17	2768	142	278	5	36
65	356	15	382	18	2626	141	273	5	35
66	371	15	400	18	2485	141	268	6	34
67	386	14	418	17	2344	141	262	5	33
68	400	15	435	18	2203	140	257	5	32
69	415	15	453	18	2063	141	252	5	31
70	33430	15	35471	17	2,81922	140	94247	6	30
71	445	15	488	18	1782	141	241	5	29
72	460	14	506	18	1641	140	236	5	28
73	474	15	524	18	1501	140	231	5	27
74	489	15	542	17	1361	140	226	6	26
75	504	15	559	18	1221	140	220	5	25
76	519	15	577	18	1081	140	215	5	24
77	534	14	595	17	0941	139	210	5	23
78	548	15	612	18	0802	140	205	6	22
79	563	15	630	18	0662	139	199	5	21
80	33578	15	35648	17	2,80523	140	94194	5	20
81	593	15	665	18	0383	139	189	6	19
82	608	14	683	18	0244	139	183	5	18
83	622	15	701	18	2,80105	139	178	5	17
84	637	15	719	17	2,79966	138	173	5	16
85	652	15	736	18	9828	139	168	6	15
86	667	15	754	18	9689	139	162	5	14
87	682	14	772	17	9550	138	157	5	13
88	696	15	789	18	9412	138	152	6	12
89	711	15	807	18	9274	138	146	5	11
90	33726	15	35825	18	2,79136	138	94141	5	10
91	741	15	843	17	8998	138	136	5	9
92	756	14	860	18	8860	138	131	6	8
93	770	15	878	18	8722	138	125	5	7
94	785	15	896	18	8584	137	120	5	6
95	800	15	914	17	8447	138	115	6	5
96	815	14	931	18	8309	137	109	5	4
97	829	15	949	18	8172	137	104	5	3
98	844	15	967	17	8035	137	099	6	2
99	859	15	35984	18	7898	137	093	5	1
100	33874		36002		2,77761		94088		0
	cos 0,		cotg 0,		tang		sin 0,		c

78^g

20 78
0,32 2,77

	5	6	14	15	17	18	126	127	128	129	130	131	132	133	134	135	136	137	
1	0,5	0,6	1,4	1,5	1,7	1,8	12,6	12,7	12,8	12,9	13,0	13,1	13,2	13,3	13,4	13,5	13,6	13,7	1
2	1,0	1,2	2,8	3,0	3,4	3,6	25,2	25,4	25,6	25,8	26,0	26,2	26,4	26,6	26,8	27,0	27,2	27,4	2
3	1,5	1,8	4,2	4,5	5,1	5,4	37,8	38,1	38,4	38,7	39,0	39,3	39,6	39,9	40,2	40,5	40,8	41,1	3
4	2,0	2,4	5,6	6,0	6,8	7,2	50,4	50,8	51,2	51,6	52,0	52,4	52,8	53,2	53,6	54,0	54,4	54,8	4
5	2,5	3,0	7,0	7,5	8,5	9,0	63,0	63,5	64,0	64,5	65,0	65,5	66,0	66,5	67,0	67,5	68,0	68,5	5
6	3,0	3,6	8,4	9,0	10,2	10,8	75,6	76,2	76,8	77,4	78,0	78,6	79,2	79,8	80,4	81,0	81,6	82,2	6
7	3,5	4,2	9,8	10,5	11,9	12,6	88,2	88,9	89,6	90,3	91,0	91,7	92,4	93,1	93,8	94,5	95,2	95,9	7
8	4,0	4,8	11,2	12,0	13,6	14,4	100,8	101,6	102,4	103,2	104,0	104,8	105,6	106,4	107,2	108,0	108,8	109,6	8
9	4,5	5,4	12,6	13,5	15,3	16,2	113,4	114,3	115,2	116,1	117,0	117,9	118,8	119,7	120,6	121,5	122,4	123,3	9

22g

c	sin 0,	d	tang 0,	d	cotg	d	cos 0,	d	
0	33874	15	36002	18	2,77761	137	94088	5	100
1	889	14	020	18	7624	137	083	6	99
2	903	15	038	17	7487	136	077	5	98
3	918	15	055	18	7351	137	072	5	97
4	933	15	073	18	7214	136	067	6	96
5	948	14	091	18	7078	137	061	5	95
6	962	15	109	17	6941	136	056	5	94
7	977	15	126	18	6805	136	051	6	93
8	33992	15	144	18	6669	136	045	5	92
9	34007	15	162	18	6533	135	040	5	91
10	34022	14	36180	18	2,76398	136	94035	6	90
11	036	15	198	17	6262	136	029	5	89
12	051	15	215	18	6126	135	024	5	88
13	066	15	233	18	5991	135	019	6	87
14	081	14	251	18	5856	135	013	5	86
15	095	15	269	17	5721	135	008	5	85
16	110	15	286	18	5586	135	94003	6	84
17	125	15	304	18	5451	135	93997	5	83
18	140	14	322	18	5316	135	992	5	82
19	154	15	340	17	5181	135	987	6	81
20	34169	15	36357	18	2,75046	134	93981	5	80
21	184	15	375	18	4912	134	976	6	79
22	199	14	393	18	4778	135	970	5	78
23	213	15	411	18	4643	134	965	5	77
24	228	15	429	17	4509	134	960	6	76
25	243	15	446	18	4375	134	954	5	75
26	258	15	464	18	4241	134	949	5	74
27	273	14	482	18	4107	133	944	6	73
28	287	15	500	18	3974	134	938	5	72
29	302	15	518	17	3840	133	933	6	71
30	34317	15	36535	18	2,73707	134	93927	5	70
31	332	14	553	18	3573	133	922	5	69
32	346	15	571	18	3440	133	917	6	68
33	361	15	589	18	3307	133	911	5	67
34	376	15	607	17	3174	133	906	6	66
35	391	14	624	18	3041	132	900	5	65
36	405	15	642	18	2909	133	895	5	64
37	420	15	660	18	2776	133	890	6	63
38	435	15	678	18	2643	132	884	5	62
39	450	14	696	18	2511	132	879	6	61
40	34464	15	36714	17	2,72379	133	93873	5	60
41	479	15	731	18	2246	132	868	5	59
42	494	15	749	18	2114	132	863	6	58
43	509	14	767	18	1982	131	857	5	57
44	523	15	785	18	1851	132	852	6	56
45	538	15	803	18	1719	132	846	5	55
46	553	14	821	17	1587	131	841	6	54
47	567	15	838	18	1456	132	835	5	53
48	582	15	856	18	1324	131	830	5	52
49	597	15	874	18	1193	131	825	6	51
50	34612		36892		2,71062		93819		50
50	34612	14	36892	18	2,71062	131	93819	5	50
51	626	15	910	18	0931	131	814	6	49
52	641	15	928	17	0800	131	808	5	48
53	656	15	945	18	0669	131	803	6	47
54	671	14	963	18	0538	130	797	5	46
55	685	15	981	18	0408	131	792	6	45
56	700	15	36999	18	0277	130	786	5	44
57	715	15	37017	18	0147	131	781	5	43
58	730	14	035	18	2,70016	130	776	6	42
59	744	15	053	18	2,69886	130	770	5	41
60	34759	15	37071	17	2,69756	130	93765	6	40
61	774	14	088	18	9626	130	759	5	39
62	788	15	106	18	9496	129	754	6	38
63	803	15	124	18	9367	130	748	5	37
64	818	15	142	18	9237	129	743	6	36
65	833	14	160	18	9108	130	737	5	35
66	847	15	178	18	8978	129	732	6	34
67	862	15	196	18	8849	129	726	5	33
68	877	15	214	17	8720	129	721	6	32
69	892	14	231	18	8591	129	715	5	31
70	34906	15	37249	18	2,68462	129	93710	6	30
71	921	15	267	18	8333	129	704	5	29
72	936	14	285	18	8204	129	699	6	28
73	950	15	303	18	8075	128	693	5	27
74	965	15	321	18	7947	129	688	6	26
75	980	15	339	18	7818	128	682	5	25
76	34995	14	357	18	7690	128	677	6	24
77	35009	15	375	17	7562	128	671	5	23
78	024	15	392	18	7434	128	666	6	22
79	039	14	410	18	7306	128	660	5	21
80	35053	15	37428	18	2,67178	128	93655	6	20
81	068	15	446	18	7050	128	649	5	19
82	083	15	464	18	6922	127	644	6	18
83	098	14	482	18	6795	128	638	5	17
84	112	15	500	18	6667	127	633	6	16
85	127	15	518	18	6540	127	627	5	15
86	142	14	536	18	6413	127	622	6	14
87	156	15	554	18	6286	127	616	5	13
88	171	15	572	18	6159	127	611	6	12
89	186	15	590	17	6032	127	605	5	11
90	35201	14	37607	18	2,65905	127	93600	6	10
91	215	15	625	18	5778	127	594	5	9
92	230	15	643	18	5651	126	589	6	8
93	245	14	661	18	5525	126	583	5	7
94	259	15	679	18	5399	127	578	6	6
95	274	15	697	18	5272	126	572	5	5
96	289	14	715	18	5146	126	567	6	4
97	303	15	733	18	5020	126	561	5	3
98	318	15	751	18	4894	126	556	6	2
99	333	14	769	18	4768	126	550	6	1
100	35347		37787		2,64642		93544		0
	cos 0,		cotg 0,		tang		sin 0,		c

77g

	5	6	14	15	17	18	19	116	117	118	119	120	121	122	123	124	125	126	
1	0,5	0,6	1,4	1,5	1,7	1,8	1,9	11,6	11,7	11,8	11,9	12,0	12,1	12,2	12,3	12,4	12,5	12,6	1
2	1,0	1,2	2,8	3,0	3,4	3,6	3,8	23,2	23,4	23,6	23,8	24,0	24,2	24,4	24,6	24,8	25,0	25,2	2
3	1,5	1,8	4,2	4,5	5,1	5,4	5,7	34,8	35,1	35,4	35,7	36,0	36,3	36,6	36,9	37,2	37,5	37,8	3
4	2,0	2,4	5,6	6,0	6,8	7,2	7,6	46,4	46,8	47,2	47,6	48,0	48,4	48,8	49,2	49,6	50,0	50,4	4
5	2,5	3,0	7,0	7,5	8,5	9,0	9,5	58,0	58,5	59,0	59,5	60,0	60,5	61,0	61,5	62,0	62,5	63,0	5
6	3,0	3,6	8,4	9,0	10,2	10,8	11,4	69,6	70,2	70,8	71,4	72,0	72,6	73,2	73,8	74,4	75,0	75,6	6
7	3,5	4,2	9,8	10,5	11,9	12,6	13,3	81,2	81,9	82,6	83,3	84,0	84,7	85,4	86,1	86,8	87,5	88,2	7
8	4,0	4,8	11,2	12,0	13,6	14,4	15,2	92,8	93,6	94,4	95,2	96,0	96,8	97,6	98,4	99,2	100,0	100,8	8
9	4,5	5,4	12,6	13,5	15,3	16,2	17,1	104,4	105,3	106,2	107,1	108,0	108,9	109,8	110,7	111,6	112,5	113,4	9

23g

c	sin 0,	d	tang 0,	d	cotg	d	cos 0,	d	
0	35347	15	37787	18	2,64642	125	93544	5	100
1	362	15	805	18	4517	126	539	6	99
2	377	15	823	18	4391	125	533	5	98
3	392	14	841	18	4266	126	528	6	97
4	406	15	859	18	4140	125	522	5	96
5	421	15	877	18	4015	125	517	6	95
6	436	14	895	18	3890	125	511	6	94
7	450	15	913	18	3765	125	505	5	93
8	465	15	931	17	3640	125	500	6	92
9	480	14	948	18	3515	125	494	5	91
10	35494	15	37966	18	2,63390	124	93489	6	90
11	509	15	37984	18	3266	125	483	5	89
12	524	14	38002	18	3141	124	478	6	88
13	538	15	020	18	3017	125	472	6	87
14	553	15	038	18	2892	124	466	5	86
15	568	14	056	18	2768	124	461	6	85
16	582	15	074	18	2644	124	455	5	84
17	597	15	092	18	2520	124	450	6	83
18	612	15	110	18	2396	124	444	6	82
19	627	14	128	18	2272	123	438	5	81
20	35641	15	38146	18	2,62149	124	93433	6	80
21	656	15	164	18	2025	123	427	5	79
22	671	14	182	18	1902	124	422	6	78
23	685	15	200	18	1778	123	416	6	77
24	700	15	218	18	1655	123	410	5	76
25	715	14	236	18	1532	123	405	6	75
26	729	15	254	18	1409	123	399	5	74
27	744	15	272	18	1286	123	394	6	73
28	759	14	290	18	1163	123	388	6	72
29	773	15	308	18	1040	123	382	5	71
30	35788	15	38326	18	2,60917	122	93377	6	70
31	803	14	344	18	0795	123	371	5	69
32	817	15	362	18	0672	122	366	6	68
33	832	15	380	18	0550	123	360	6	67
34	847	14	398	18	0427	122	354	5	66
35	861	15	416	18	0305	122	349	6	65
36	876	15	434	19	0183	122	343	6	64
37	891	14	453	18	2,60061	122	337	5	63
38	905	15	471	18	2,59939	122	332	6	62
39	920	15	489	18	9817	121	326	6	61
40	35935	14	38507	18	2,59696	122	93320	5	60
41	949	15	525	18	9574	121	315	6	59
42	964	15	543	18	9453	122	309	5	58
43	979	14	561	18	9331	121	304	6	57
44	35993	15	579	18	9210	121	298	6	56
45	36008	14	597	18	9089	121	292	5	55
46	022	15	615	18	8968	121	287	6	54
47	037	15	633	18	8847	121	281	6	53
48	052	14	651	18	8726	121	275	5	52
49	066	15	669	18	8605	121	270	6	51
50	36081		38687		2,58484		93264		50
	cos 0,		cotg 0,		tang		sin 0,		c

c	sin 0,	d	tang 0,	d	cotg	d	cos 0,	d	
50	36081	15	38687	18	2,58484	120	93264	6	50
51	096	14	705	18	8364	121	258	5	49
52	110	15	723	18	8243	120	253	6	48
53	125	15	741	18	8123	121	247	6	47
54	140	14	759	18	8002	120	241	5	46
55	154	15	777	18	7882	120	236	6	45
56	169	15	795	19	7762	120	230	6	44
57	184	14	814	18	7642	120	224	6	43
58	198	15	832	18	7522	120	218	5	42
59	213	15	850	18	7402	120	213	6	41
60	36228	14	38868	18	2,57282	119	93207	6	40
61	242	15	886	18	7163	120	201	5	39
62	257	14	904	18	7043	119	196	6	38
63	271	15	922	18	6924	119	190	6	37
64	286	15	940	18	6805	120	184	5	36
65	301	14	958	18	6685	119	179	6	35
66	315	15	976	18	6566	119	173	6	34
67	330	15	38994	19	6447	119	167	5	33
68	345	14	39013	18	6328	119	162	6	32
69	359	15	031	18	6209	119	156	6	31
70	36374	15	39049	18	2,56090	118	93150	6	30
71	389	14	067	18	5972	119	144	5	29
72	403	15	085	18	5853	118	139	6	28
73	418	14	103	18	5735	119	133	6	27
74	432	15	121	18	5616	118	127	6	26
75	447	15	139	18	5498	118	121	5	25
76	462	14	157	18	5380	118	116	6	24
77	476	15	175	19	5262	118	110	6	23
78	491	15	194	18	5144	118	104	5	22
79	506	14	212	18	5026	118	099	6	21
80	36520	15	39230	18	2,54908	118	93093	6	20
81	535	14	248	18	4790	117	087	6	19
82	549	15	266	18	4673	118	081	5	18
83	564	15	284	18	4555	117	076	6	17
84	579	14	302	18	4438	118	070	6	16
85	593	15	320	19	4320	117	064	6	15
86	608	15	339	18	4203	117	058	5	14
87	623	14	357	18	4086	117	053	6	13
88	637	15	375	18	3969	117	047	6	12
89	652	14	393	18	3852	117	041	6	11
90	36666	15	39411	18	2,53735	117	93035	5	10
91	681	15	429	19	3618	117	030	6	9
92	696	14	448	18	3501	116	024	6	8
93	710	15	466	18	3385	117	018	6	7
94	725	14	484	18	3268	116	012	5	6
95	739	15	502	18	3152	116	007	6	5
96	754	15	520	18	3036	117	93001	6	4
97	769	14	538	18	2919	116	92995	6	3
98	783	15	556	19	2803	116	989	6	2
99	798	14	575	18	2687	116	983	5	1
100	36812		39593		2,52571		92978		0
	cos 0,		cotg 0,		tang		sin 0,		c

76g

22 76
0,36 2,52

	5	6	14	15	18	19	107	108	109	110	111	112	113	114	115	116	
1	0,5	0,6	1,4	1,5	1,8	1,9	10,7	10,8	10,9	11,0	11,1	11,2	11,3	11,4	11,5	11,6	1
2	1,0	1,2	2,8	3,0	3,6	3,8	21,4	21,6	21,8	22,0	22,2	22,4	22,6	22,8	23,0	23,2	2
3	1,5	1,8	4,2	4,5	5,4	5,7	32,1	32,4	32,7	33,0	33,3	33,6	33,9	34,2	34,5	34,8	3
4	2,0	2,4	5,6	6,0	7,2	7,6	42,8	43,2	43,6	44,0	44,4	44,8	45,2	45,6	46,0	46,4	4
5	2,5	3,0	7,0	7,5	9,0	9,5	53,5	54,0	54,5	55,0	55,5	56,0	56,5	57,0	57,5	58,0	5
6	3,0	3,6	8,4	9,0	10,8	11,4	64,2	64,8	65,4	66,0	66,6	67,2	67,8	68,4	69,0	69,6	6
7	3,5	4,2	9,8	10,5	12,6	13,3	74,9	75,6	76,3	77,0	77,7	78,4	79,1	79,8	80,5	81,2	7
8	4,0	4,8	11,2	12,0	14,4	15,2	85,6	86,4	87,2	88,0	88,8	89,6	90,4	91,2	92,0	92,8	8
9	4,5	5,4	12,6	13,5	16,2	17,1	96,3	97,2	98,1	99,0	99,9	100,8	101,7	102,6	103,5	104,4	9

24g

c	sin 0,	d	tang 0,	d	cotg	d	cos 0,	d	
0	36812	15	39593	18	2,52571	116	92978	6	100
1	827	15	611	18	2455	115	972	6	99
2	842	14	629	18	2340	116	966	6	98
3	856	15	647	19	2224	116	960	5	97
4	871	14	666	18	2108	115	955	6	96
5	885	15	684	18	1993	116	949	6	95
6	900	15	702	18	1877	115	943	6	94
7	915	14	720	18	1762	115	937	6	93
8	929	15	738	18	1647	115	931	5	92
9	944	14	756	19	1532	115	926	6	91
10	36958	15	39775	18	2,51417	115	92920	6	90
11	973	15	793	18	1302	115	914	6	89
12	36988	14	811	18	1187	115	908	6	88
13	37002	15	829	18	1072	115	902	6	87
14	017	14	847	19	0957	114	896	5	86
15	031	15	866	18	0843	115	891	6	85
16	046	15	884	18	0728	114	885	6	84
17	061	14	902	18	0614	114	879	6	83
18	075	15	920	18	0500	115	873	6	82
19	090	14	938	19	0385	114	867	5	81
20	37104	15	39957	18	2,50271	114	92862	6	80
21	119	15	975	18	0157	114	856	6	79
22	134	14	39993	18	2,50043	114	850	6	78
23	148	15	40011	19	2,49929	114	844	6	77
24	163	14	030	18	9815	113	838	6	76
25	177	15	048	18	9702	114	832	5	75
26	192	14	066	18	9588	113	827	6	74
27	206	15	084	18	9475	114	821	6	73
28	221	15	102	19	9361	113	815	6	72
29	236	14	121	18	9248	113	809	6	71
30	37250	15	40139	18	2,49135	113	92803	6	70
31	265	14	157	18	9022	114	797	6	69
32	279	15	175	19	8908	113	791	5	68
33	294	14	194	18	8795	112	786	6	67
34	308	15	212	18	8683	113	780	6	66
35	323	15	230	18	8570	113	774	6	65
36	338	14	248	19	8457	113	768	6	64
37	352	15	267	18	8344	112	762	6	63
38	367	14	285	18	8232	113	756	6	62
39	381	15	303	18	8119	112	750	5	61
40	37396	14	40321	19	2,48007	112	92745	6	60
41	410	15	340	18	7895	112	739	6	59
42	425	15	358	18	7783	113	733	6	58
43	440	14	376	19	7670	112	727	6	57
44	454	15	395	18	7558	111	721	6	56
45	469	14	413	18	7447	112	715	6	55
46	483	15	431	18	7335	112	709	6	54
47	498	14	449	19	7223	112	703	6	53
48	512	15	468	18	7111	111	697	5	52
49	527	15	486	18	7000	112	692	6	51
50	37542		40504		2,46888		92686		50
	cos 0,		cotg 0,		tang		sin 0,		

c	sin 0,	d	tang 0,	d	cotg	d	cos 0,	d	
50	37542	14	40504	18	2,46888	111	92686	6	50
51	556	15	522	19	6777	112	680	6	49
52	571	14	541	18	6665	111	674	6	48
53	585	15	559	18	6554	111	668	6	47
54	600	14	577	19	6443	111	662	6	46
55	614	15	596	18	6332	111	656	6	45
56	629	14	614	18	6221	111	650	6	44
57	643	15	632	19	6110	111	644	6	43
58	658	15	651	18	5999	110	638	6	42
59	673	14	669	18	5889	111	632	5	41
60	37687	15	40687	18	2,45778	111	92627	6	40
61	702	14	705	19	5667	110	621	6	39
62	716	15	724	18	5557	110	615	6	38
63	731	14	742	18	5447	111	609	6	37
64	745	15	760	19	5336	110	603	6	36
65	760	14	779	18	5226	110	597	6	35
66	774	15	797	18	5116	110	591	6	34
67	789	14	815	19	5006	110	585	6	33
68	803	15	834	18	4896	110	579	6	32
69	818	15	852	18	4786	110	573	6	31
70	37833	14	40870	19	2,44676	109	92567	6	30
71	847	15	889	18	4567	110	561	6	29
72	862	14	907	18	4457	110	555	6	28
73	876	15	925	19	4347	109	549	6	27
74	891	14	944	18	4238	109	543	5	26
75	905	15	962	18	4129	110	538	6	25
76	920	14	980	19	4019	109	532	6	24
77	934	15	40999	18	3910	109	526	6	23
78	949	14	41017	18	3801	109	520	6	22
79	963	15	035	19	3692	109	514	6	21
80	37978	14	41054	18	2,43583	109	92508	6	20
81	37992	15	072	18	3474	109	502	6	19
82	38007	14	090	19	3365	108	496	6	18
83	021	15	109	18	3257	109	490	6	17
84	036	15	127	19	3148	109	484	6	16
85	051	14	146	18	3039	108	478	6	15
86	065	15	164	18	2931	108	472	6	14
87	080	14	182	19	2823	109	466	6	13
88	094	15	201	18	2714	108	460	6	12
89	109	14	219	18	2606	108	454	6	11
90	38123	15	41237	19	2,42498	108	92448	6	10
91	138	14	256	18	2390	108	442	6	9
92	152	15	274	19	2282	108	436	6	8
93	167	14	293	18	2174	108	430	6	7
94	181	15	311	18	2066	107	424	6	6
95	196	14	329	19	1959	108	418	6	5
96	210	15	348	18	1851	107	412	6	4
97	225	14	366	19	1744	108	406	6	3
98	239	15	385	18	1636	107	400	6	2
99	254	14	403	18	1529	108	394	6	1
100	38268		41421		2,41421		92388		0
	cos 0,		cotg 0,		tang		sin 0,		c

75g

	6	7	14	15	18	19	99	100	101	102	103	104	105	106	107	
1	0,6	0,7	1,4	1,5	1,8	1,9	9,9	10,0	10,1	10,2	10,3	10,4	10,5	10,6	10,7	1
2	1,2	1,4	2,8	3,0	3,6	3,8	19,8	20,0	20,2	20,4	20,6	20,8	21,0	21,2	21,4	2
3	1,8	2,1	4,2	4,5	5,4	5,7	29,7	30,0	30,3	30,6	30,9	31,2	31,5	31,8	32,1	3
4	2,4	2,8	5,6	6,0	7,2	7,6	39,6	40,0	40,4	40,8	41,2	41,6	42,0	42,4	42,8	4
5	3,0	3,5	7,0	7,5	9,0	9,5	49,5	50,0	50,5	51,0	51,5	52,0	52,5	53,0	53,5	5
6	3,6	4,2	8,4	9,0	10,8	11,4	59,4	60,0	60,6	61,2	61,8	62,4	63,0	63,6	64,2	6
7	4,2	4,9	9,8	10,5	12,6	13,3	69,3	70,0	70,7	71,4	72,1	72,8	73,5	74,2	74,9	7
8	4,8	5,6	11,2	12,0	14,4	15,2	79,2	80,0	80,8	81,6	82,4	83,2	84,0	84,8	85,6	8
9	5,4	6,3	12,6	13,5	16,2	17,1	89,1	90,0	90,9	91,8	92,7	93,6	94,5	95,4	96,3	9

25g

c	sin 0,	d	tang 0,	d	cotg	d	cos 0,	d	
0	38268	15	41421	19	2,41421	107	92388	6	100
1	283	14	440	18	1314	107	382	6	99
2	297	15	458	19	1207	107	376	6	98
3	312	14	477	18	1100	107	370	6	97
4	326	15	495	18	0993	107	364	6	96
5	341	14	513	19	0886	107	358	6	95
6	355	15	532	18	0779	106	352	6	94
7	370	14	550	19	0673	107	346	6	93
8	384	15	569	18	0566	107	340	6	92
9	399	14	587	19	0459	106	334	6	91
10	38413	15	41606	18	2,40353	107	92328	6	90
11	428	14	624	18	0246	106	322	6	89
12	442	15	642	19	0140	106	316	6	88
13	457	14	661	18	2,40034	106	310	6	87
14	471	15	679	19	2,39928	106	304	6	86
15	486	14	698	18	9822	106	298	7	85
16	500	15	716	19	9716	106	291	6	84
17	515	14	735	18	9610	106	285	6	83
18	529	15	753	18	9504	106	279	6	82
19	544	14	771	19	9398	106	273	6	81
20	38558	15	41790	18	2,39292	105	92267	6	80
21	573	14	808	19	9187	106	261	6	79
22	587	15	827	18	9081	105	255	6	78
23	602	14	845	19	8976	106	249	6	77
24	616	15	864	18	8870	105	243	6	76
25	631	14	882	19	8765	105	237	6	75
26	645	15	901	18	8660	105	231	6	74
27	660	14	919	19	8555	105	225	6	73
28	674	15	938	18	8450	105	219	6	72
29	689	14	956	19	8345	105	213	6	71
30	38703	15	41975	18	2,38240	105	92207	6	70
31	718	14	41993	18	8135	105	201	7	69
32	732	15	42011	19	8030	105	194	6	68
33	747	14	030	18	7925	104	188	6	67
34	761	15	048	19	7821	105	182	6	66
35	776	14	067	18	7716	104	176	6	65
36	790	15	085	19	7612	104	170	6	64
37	805	14	104	18	7508	105	164	6	63
38	819	15	122	19	7403	104	158	6	62
39	834	14	141	18	7299	104	152	6	61
40	38848	15	42159	19	2,37195	104	92146	6	60
41	863	14	178	18	7091	104	140	7	59
42	877	14	196	19	6987	104	133	6	58
43	891	15	215	18	6883	104	127	6	57
44	906	14	233	19	6779	103	121	6	56
45	920	15	252	18	6676	104	115	6	55
46	935	14	270	19	6572	104	109	6	54
47	949	15	289	18	6468	103	103	6	53
48	964	14	307	19	6365	104	097	6	52
49	978	15	326	19	6261	103	091	6	51
50	38993		42345		2,36158		92085		50
	cos 0,		cotg 0,		tang		sin 0,		

	sin 0,	d	tang 0,	d	cotg	d	cos 0,	d	
50	38993	14	42345	18	2,36158	103	92085	7	50
51	39007	15	363	19	6055	103	078	6	49
52	022	14	382	18	5952	104	072	6	48
53	036	15	400	19	5848	103	066	6	47
54	051	14	419	18	5745	103	060	6	46
55	065	15	437	19	5642	102	054	6	45
56	080	14	456	18	5540	103	048	6	44
57	094	14	474	19	5437	103	042	7	43
58	108	15	493	18	5334	103	035	6	42
59	123	14	511	19	5231	102	029	6	41
60	39137	15	42530	18	2,35129	103	92023	6	40
61	152	14	548	19	5026	102	017	6	39
62	166	15	567	19	4924	103	011	6	38
63	181	14	586	18	4821	102	92005	6	37
64	195	15	604	19	4719	102	91999	7	36
65	210	14	623	18	4617	102	992	6	35
66	224	15	641	19	4515	102	986	6	34
67	239	14	660	18	4413	102	980	6	33
68	253	14	678	19	4311	102	974	6	32
69	267	15	697	19	4209	102	968	6	31
70	39282	14	42716	18	2,34107	102	91962	7	30
71	296	15	734	19	4005	101	955	6	29
72	311	14	753	18	3904	102	949	6	28
73	325	15	771	19	3802	102	943	6	27
74	340	14	790	18	3700	101	937	6	26
75	354	15	808	19	3599	101	931	6	25
76	369	14	827	19	3498	102	925	7	24
77	383	14	846	18	3396	101	918	6	23
78	397	15	864	19	3295	101	912	6	22
79	412	14	883	18	3194	101	906	6	21
80	39426	15	42901	19	2,33093	101	91900	6	20
81	441	14	920	19	2992	101	894	7	19
82	455	15	939	18	2891	101	887	6	18
83	470	14	957	19	2790	101	881	6	17
84	484	14	976	18	2689	101	875	6	16
85	498	15	42994	19	2588	100	869	6	15
86	513	14	43013	19	2488	101	863	7	14
87	527	15	032	18	2387	100	856	6	13
88	542	14	050	19	2287	101	850	6	12
89	556	15	069	18	2186	100	844	6	11
90	39571	14	43087	19	2,32086	100	91838	6	10
91	585	14	106	19	1986	101	832	7	9
92	599	15	125	18	1885	100	825	6	8
93	614	14	143	19	1785	100	819	6	7
94	628	15	162	19	1685	100	813	6	6
95	643	14	181	18	1585	100	807	7	5
96	657	15	199	19	1485	100	800	6	4
97	672	14	218	19	1385	99	794	6	3
98	686	14	237	18	1286	100	788	6	2
99	700	15	255	19	1186	100	782	7	1
100	39715		43274		2,31086		91775		0
	cos 0,		cotg 0,		tang		sin 0,		c

74g

	6	7	14	15	18	19	93	94	95	96	97	98	99	100	
1	0,6	0,7	1,4	1,5	1,8	1,9	9,3	9,4	9,5	9,6	9,7	9,8	9,9	10,0	1
2	1,2	1,4	2,8	3,0	3,6	3,8	18,6	18,8	19,0	19,2	19,4	19,6	19,8	20,0	2
3	1,8	2,1	4,2	4,5	5,4	5,7	27,9	28,2	28,5	28,8	29,1	29,4	29,7	30,0	3
4	2,4	2,8	5,6	6,0	7,2	7,6	37,2	37,6	38,0	38,4	38,8	39,2	39,6	40,0	4
5	3,0	3,5	7,0	7,5	9,0	9,5	46,5	47,0	47,5	48,0	48,5	49,0	49,5	50,0	5
6	3,6	4,2	8,4	9,0	10,8	11,4	55,8	56,4	57,0	57,6	58,2	58,8	59,4	60,0	6
7	4,2	4,9	9,8	10,5	12,6	13,3	65,1	65,8	66,5	67,2	67,9	68,6	69,3	70,0	7
8	4,8	5,6	11,2	12,0	14,4	15,2	74,4	75,2	76,0	76,8	77,6	78,4	79,2	80,0	8
9	5,4	6,3	12,6	13,5	16,2	17,1	83,7	84,6	85,5	86,4	87,3	88,2	89,1	90,0	9

26^g

c	sin 0,	d	tang 0,	d	cotg	d	cos 0,	d	
0	39715		43274		2,31086		91775		100
1	729	14	293	19	0987	99	769	6	99
2	744	15	311	18	0887	100	763	6	98
3	758	14	330	19	0788	99	757	6	97
4	772	14	348	18	0689	99	750	7	96
5	787	15	367	19	0589	100	744	6	95
6	801	14	386	19	0490	99	738	6	94
7	816	15	404	18	0391	99	732	6	93
8	830	14	423	19	0292	99	725	7	92
9	844	14	442	19	0193	99	719	6	91
10	39859	15	43460	18	2,30094	99	91713	6	90
11	873	14	479	19	2,29995	99	707	6	89
12	888	15	498	19	9896	99	700	7	88
13	902	14	517	19	9798	98	694	6	87
14	917	15	535	18	9699	99	688	6	86
15	931	14	554	19	9601	98	682	6	85
16	945	14	573	19	9502	99	675	7	84
17	960	15	591	18	9404	98	669	6	83
18	974	14	610	19	9305	99	663	6	82
19	39989	15	629	19	9207	98	657	6	81
20	40003	14	43647	18	2,29109	98	91650	7	80
21	017	14	666	19	9011	98	644	6	79
22	032	15	685	19	8913	98	638	6	78
23	046	14	703	18	8815	98	631	7	77
24	060	14	722	19	8717	98	625	6	76
25	075	15	741	19	8619	98	619	6	75
26	089	14	760	19	8521	98	612	7	74
27	104	15	778	18	8424	97	606	6	73
28	118	14	797	19	8326	98	600	6	72
29	132	14	816	19	8228	98	594	6	71
30	40147	15	43834	18	2,28131	97	91587	7	70
31	161	14	853	19	8033	98	581	6	69
32	176	15	872	19	7936	97	575	6	68
33	190	14	891	19	7839	97	568	7	67
34	204	14	909	18	7742	97	562	6	66
35	219	15	928	19	7644	98	556	6	65
36	233	14	947	19	7547	97	549	7	64
37	248	15	966	19	7450	97	543	6	63
38	262	14	43984	18	7353	97	537	6	62
39	276	14	44003	19	7257	96	530	7	61
40	40291	15	44022	19	2,27160	97	91524	6	60
41	305	14	041	19	7063	97	518	6	59
42	319	14	059	18	6966	97	511	7	58
43	334	15	078	19	6870	96	505	6	57
44	348	14	097	19	6773	97	499	6	56
45	363	15	116	19	6677	96	492	7	55
46	377	14	134	18	6580	97	486	6	54
47	391	14	153	19	6484	96	480	6	53
48	406	15	172	19	6388	96	473	7	52
49	420	14	191	19	6292	96	467	6	51
50	40434	14	44210	19	2,26196	96	91461	6	50
	cos 0,		cotg 0,		tang		sin 0,		

c	sin 0,	d	tang 0,	d	cotg	d	cos 0,	d	
50	40434		44210		2,26196		91461		50
51	449	15	228	18	6099	97	454	7	49
52	463	14	247	19	6004	95	448	6	48
53	477	14	266	19	5908	96	442	6	47
54	492	15	285	19	5812	96	435	7	46
55	506	14	303	18	5716	96	429	6	45
56	521	15	322	19	5620	96	423	6	44
57	535	14	341	19	5525	95	416	7	43
58	549	14	360	19	5429	96	410	6	42
59	564	15	379	19	5334	95	403	7	41
60	40578	14	44397	18	2,25238	96	91397	6	40
61	592	14	416	19	5143	95	391	6	39
62	607	15	435	19	5048	95	384	7	38
63	621	14	454	19	4952	96	378	6	37
64	635	14	473	19	4857	95	372	6	36
65	650	15	492	19	4762	95	365	7	35
66	664	14	510	18	4667	95	359	6	34
67	678	14	529	19	4572	95	352	7	33
68	693	15	548	19	4477	95	346	6	32
69	707	14	567	19	4382	95	340	6	31
70	40721	14	44586	19	2,24288	94	91333	7	30
71	736	15	604	18	4193	95	327	6	29
72	750	14	623	19	4098	95	320	7	28
73	765	15	642	19	4004	94	314	6	27
74	779	14	661	19	3909	95	308	6	26
75	793	14	680	19	3815	94	301	7	25
76	808	15	699	19	3720	95	295	6	24
77	822	14	718	19	3626	94	288	7	23
78	836	14	736	18	3532	94	282	6	22
79	851	15	755	19	3438	94	276	6	21
80	40865	14	44774	19	2,23344	94	91269	7	20
81	879	14	793	19	3250	94	263	6	19
82	894	15	812	19	3156	94	256	7	18
83	908	14	831	19	3062	94	250	6	17
84	922	14	850	19	2968	94	243	7	16
85	937	15	868	18	2874	94	237	6	15
86	951	14	887	19	2780	94	231	6	14
87	965	14	906	19	2687	93	224	7	13
88	980	15	925	19	2593	94	218	6	12
89	40994	14	944	19	2500	93	211	7	11
90	41008	14	44963	19	2,22406	94	91205	6	10
91	023	15	44982	19	2313	93	198	7	9
92	037	14	45001	19	2220	93	192	6	8
93	051	14	019	18	2126	94	186	6	7
94	066	15	038	19	2033	93	179	7	6
95	080	14	057	19	1940	93	173	6	5
96	094	14	076	19	1847	93	166	7	4
97	108	14	095	19	1754	93	160	6	3
98	123	15	114	19	1661	93	153	7	2
99	137	14	133	19	1568	93	147	6	1
100	41151	14	45152	19	2,21475	93	91140	7	0
	cos 0,		cotg 0,		tang		sin 0,		c

73^g

	6	7	14	15	18	19	20	86	87	88	89	90	91	92	93	
1	0,6	0,7	1,4	1,5	1,8	1,9	2,0	8,6	8,7	8,8	8,9	9,0	9,1	9,2	9,3	1
2	1,2	1,4	2,8	3,0	3,6	3,8	4,0	17,2	17,4	17,6	17,8	18,0	18,2	18,4	18,6	2
3	1,8	2,1	4,2	4,5	5,4	5,7	6,0	25,8	26,1	26,4	26,7	27,0	27,3	27,6	27,9	3
4	2,4	2,8	5,6	6,0	7,2	7,6	8,0	34,4	34,8	35,2	35,6	36,0	36,4	36,8	37,2	4
5	3,0	3,5	7,0	7,5	9,0	9,5	10,0	43,0	43,5	44,0	44,5	45,0	45,5	46,0	46,5	5
6	3,6	4,2	8,4	9,0	10,8	11,4	12,0	51,6	52,2	52,8	53,4	54,0	54,6	55,2	55,8	6
7	4,2	4,9	9,8	10,5	12,6	13,3	14,0	60,2	60,9	61,6	62,3	63,0	63,7	64,4	65,1	7
8	4,8	5,6	11,2	12,0	14,4	15,2	16,0	68,8	69,6	70,4	71,2	72,0	72,8	73,6	74,4	8
9	5,4	6,3	12,6	13,5	16,2	17,1	18,0	77,4	78,3	79,2	80,1	81,0	81,9	82,8	83,7	9

27g

c	sin 0,	d	tang 0,	d	cotg	d	cos 0,	d	
0	41151	15	45152	19	2,21475	92	91140	6	100
1	166	14	171	19	1383	93	134	7	99
2	180	14	190	18	1290	93	127	6	98
3	194	15	208	19	1197	92	121	7	97
4	209	14	227	19	1105	93	114	6	96
5	223	14	246	19	1012	92	108	6	95
6	237	15	265	19	0920	92	102	7	94
7	252	14	284	19	0828	93	095	6	93
8	266	14	303	19	0735	92	089	7	92
9	280	15	322	19	0643	92	082	6	91
10	41295	14	45341	19	2,20551	92	91076	7	90
11	309	14	360	19	0459	92	069	6	89
12	323	14	379	19	0367	92	063	7	88
13	337	15	398	19	0275	92	056	6	87
14	352	14	417	19	0183	92	050	7	86
15	366	14	436	19	0091	91	043	6	85
16	380	15	455	19	2,20000	92	037	7	84
17	395	14	474	19	2,19908	92	030	6	83
18	409	14	493	19	9816	91	024	7	82
19	423	15	512	18	9725	92	017	6	81
20	41438	14	45530	19	2,19633	91	91011	7	80
21	452	14	549	19	9542	92	91004	6	79
22	466	14	568	19	9450	91	90998	7	78
23	480	15	587	19	9359	91	991	6	77
24	495	14	606	19	9268	92	985	7	76
25	509	14	625	19	9176	91	978	6	75
26	523	15	644	19	9085	91	972	7	74
27	538	14	663	19	8994	91	965	7	73
28	552	14	682	19	8903	91	958	6	72
29	566	14	701	19	8812	91	952	7	71
30	41580	15	45720	19	2,18721	90	90945	6	70
31	595	14	739	19	8631	91	939	7	69
32	609	14	758	19	8540	91	932	6	68
33	623	15	777	19	8449	90	926	7	67
34	638	14	796	19	8359	91	919	6	66
35	652	14	815	19	8268	91	913	7	65
36	666	14	834	19	8177	90	906	6	64
37	680	15	853	19	8087	90	900	7	63
38	695	14	872	19	7997	91	893	6	62
39	709	14	891	19	7906	90	887	7	61
40	41723	15	45910	19	2,17816	90	90880	7	60
41	738	14	929	19	7726	90	873	6	59
42	752	14	948	19	7636	90	867	7	58
43	766	14	967	19	7546	90	860	6	57
44	780	15	45986	19	7456	90	854	7	56
45	795	14	46005	19	7366	90	847	6	55
46	809	14	024	20	7276	90	841	7	54
47	823	14	044	19	7186	90	834	7	53
48	837	15	063	19	7096	90	827	6	52
49	852	14	082	19	7006	89	821	7	51
50	41866		46101		2,16917		90814		50
	cos 0,		cotg 0,		tang		sin 0,		c

c	sin 0,	d	tang 0,	d	cotg	d	cos 0,	d	
50	41866	14	46101	19	2,16917	90	90814	6	50
51	880	15	120	19	6827	89	808	7	49
52	895	14	139	19	6738	90	801	6	48
53	909	14	158	19	6648	89	795	7	47
54	923	14	177	19	6559	90	788	7	46
55	937	15	196	19	6469	89	781	6	45
56	952	14	215	19	6380	89	775	7	44
57	966	14	234	19	6291	89	768	6	43
58	980	14	253	19	6202	89	762	7	42
59	41994	15	272	19	6113	89	755	7	41
60	42009	14	46291	19	2,16024	89	90748	6	40
61	023	14	310	19	5935	89	742	7	39
62	037	14	329	19	5846	89	735	6	38
63	051	15	348	20	5757	89	729	7	37
64	066	14	368	19	5668	89	722	7	36
65	080	14	387	19	5579	88	715	6	35
66	094	14	406	19	5491	89	709	7	34
67	108	15	425	19	5402	89	702	6	33
68	123	14	444	19	5313	88	696	7	32
69	137	14	463	19	5225	88	689	7	31
70	42151	14	46482	19	2,15137	89	90682	6	30
71	165	15	501	19	5048	88	676	7	29
72	180	14	520	19	4960	88	669	7	28
73	194	14	539	20	4872	89	662	6	27
74	208	14	559	19	4783	88	656	7	26
75	222	15	578	19	4695	88	649	6	25
76	237	14	597	19	4607	88	643	7	24
77	251	14	616	19	4519	88	636	7	23
78	265	14	635	19	4431	88	629	6	22
79	279	14	654	19	4343	88	623	7	21
80	42293	15	46673	19	2,14255	87	90616	7	20
81	308	14	692	20	4168	88	609	6	19
82	322	14	712	19	4080	88	603	7	18
83	336	14	731	19	3992	87	596	7	17
84	350	15	750	19	3905	88	589	6	16
85	365	14	769	19	3817	87	583	7	15
86	379	14	788	19	3730	88	576	7	14
87	393	14	807	19	3642	87	569	6	13
88	407	15	826	20	3555	88	563	7	12
89	422	14	846	19	3467	87	556	7	11
90	42436	14	46865	19	2,13380	87	90549	6	10
91	450	14	884	19	3293	87	543	7	9
92	464	14	903	19	3206	87	536	7	8
93	478	15	922	19	3119	87	529	6	7
94	493	14	941	20	3032	87	523	7	6
95	507	14	961	19	2945	87	516	7	5
96	521	14	980	19	2858	87	509	6	4
97	535	15	46999	19	2771	87	503	7	3
98	550	14	47018	19	2684	87	496	7	2
99	564	14	037	19	2597	86	489	6	1
100	42578		47056		2,12511		90483		0
	cos 0,		cotg 0,		tang		sin 0,		c

72g

26	72
0,43	2,12

	6	7	14	15	19	20	81	82	83	84	85	86	87	
1	0,6	0,7	1,4	1,5	1,9	2,0	8,1	8,2	8,3	8,4	8,5	8,6	8,7	1
2	1,2	1,4	2,8	3,0	3,8	4,0	16,2	16,4	16,6	16,8	17,0	17,2	17,4	2
3	1,8	2,1	4,2	4,5	5,7	6,0	24,3	24,6	24,9	25,2	25,5	25,8	26,1	3
4	2,4	2,8	5,6	6,0	7,6	8,0	32,4	32,8	33,2	33,6	34,0	34,4	34,8	4
5	3,0	3,5	7,0	7,5	9,5	10,0	40,5	41,0	41,5	42,0	42,5	43,0	43,5	5
6	3,6	4,2	8,4	9,0	11,4	12,0	48,6	49,2	49,8	50,4	51,0	51,6	52,2	6
7	4,2	4,9	9,8	10,5	13,3	14,0	56,7	57,4	58,1	58,8	59,5	60,2	60,9	7
8	4,8	5,6	11,2	12,0	15,2	16,0	64,8	65,6	66,4	67,2	68,0	68,8	69,6	8
9	5,4	6,3	12,6	13,5	17,1	18,0	72,9	73,8	74,7	75,6	76,5	77,4	78,3	9

28ᵍ

c	sin 0,		tang 0,		cotg		cos 0,		
0	42578	14	47056	20	2,12511	87	90483	7	100
1	592	14	076	19	2424	86	476	7	99
2	606	15	095	19	2338	87	469	6	98
3	621	14	114	19	2251	86	463	7	97
4	635	14	133	19	2165	87	456	7	96
5	649	14	152	20	2078	86	449	6	95
6	663	14	172	19	1992	86	443	7	94
7	677	15	191	19	1906	87	436	7	93
8	692	14	210	19	1819	86	429	7	92
9	706	14	229	19	1733	86	422	6	91
10	42720	14	47248	20	2,11647	86	90416	7	90
11	734	14	268	19	1561	86	409	7	89
12	748	15	287	19	1475	86	402	6	88
13	763	14	306	19	1389	86	396	7	87
14	777	14	325	20	1303	85	389	7	86
15	791	14	345	19	1218	86	382	7	85
16	805	14	364	19	1132	86	375	6	84
17	819	15	383	19	1046	86	369	7	83
18	834	14	402	19	0960	85	362	7	82
19	848	14	421	20	0875	86	355	7	81
20	42862	14	47441	19	2,10789	85	90348	6	80
21	876	14	460	19	0704	86	342	7	79
22	890	15	479	19	0618	85	335	7	78
23	905	14	498	20	0533	85	328	6	77
24	919	14	518	19	0448	85	322	7	76
25	933	14	537	19	0363	86	315	7	75
26	947	14	556	19	0277	85	308	7	74
27	961	14	575	20	0192	85	301	6	73
28	975	15	595	19	0107	85	295	7	72
29	42990	14	614	19	2,10022	85	288	7	71
30	43004	14	47633	20	2,09937	85	90281	7	70
31	018	14	653	19	9852	85	274	6	69
32	032	14	672	19	9767	84	268	7	68
33	046	15	691	19	9683	85	261	7	67
34	061	14	710	20	9598	85	254	7	66
35	075	14	730	19	9513	84	247	7	65
36	089	14	749	19	9429	85	240	6	64
37	103	14	768	20	9344	85	234	7	63
38	117	14	788	19	9259	84	227	7	62
39	131	15	807	19	9175	84	220	7	61
40	43146	14	47826	19	2,09091	85	90213	6	60
41	160	14	845	20	9006	84	207	7	59
42	174	14	865	19	8922	84	200	7	58
43	188	14	884	19	8838	85	193	7	57
44	202	14	903	20	8753	84	186	7	56
45	216	15	923	19	8669	84	179	6	55
46	231	14	942	19	8585	84	173	7	54
47	245	14	961	20	8501	84	166	7	53
48	259	14	47981	19	8417	84	159	7	52
49	273	14	48000	19	8333	83	152	6	51
50	43287		48019		2,08250		90146		50
	cos 0,		cotg 0,		tang		sin 0,		

c	sin 0,		tang 0,		cotg		cos 0,		
50	43287	14	48019	20	2,08250	84	90146	7	50
51	301	15	039	19	8166	84	139	7	49
52	316	14	058	19	8082	84	132	7	48
53	330	14	077	20	7998	83	125	7	47
54	344	14	097	19	7915	84	118	7	46
55	358	14	116	19	7831	83	111	6	45
56	372	14	135	20	7748	84	105	7	44
57	386	15	155	19	7664	83	098	7	43
58	401	14	174	19	7581	84	091	7	42
59	415	14	193	20	7497	83	084	7	41
60	43429	14	48213	19	2,07414	83	90077	6	40
61	443	14	232	19	7331	83	071	7	39
62	457	14	251	20	7248	84	064	7	38
63	471	14	271	19	7164	83	057	7	37
64	485	15	290	20	7081	83	050	7	36
65	500	14	310	19	6998	83	043	7	35
66	514	14	329	19	6915	83	036	6	34
67	528	14	348	20	6832	83	030	7	33
68	542	14	368	19	6749	82	023	7	32
69	556	14	387	20	6667	83	016	7	31
70	43570	14	48407	19	2,06584	83	90009	7	30
71	584	15	426	19	6501	83	90002	7	29
72	599	14	445	20	6418	82	89995	6	28
73	613	14	465	19	6336	83	989	7	27
74	627	14	484	19	6253	82	982	7	26
75	641	14	503	20	6171	83	975	7	25
76	655	14	523	19	6088	82	968	7	24
77	669	14	542	20	6006	82	961	7	23
78	683	14	562	19	5924	83	954	7	22
79	697	15	581	20	5841	82	947	6	21
80	43712	14	48601	19	2,05759	82	89941	7	20
81	726	14	620	19	5677	82	934	7	19
82	740	14	639	20	5595	82	927	7	18
83	754	14	659	19	5513	82	920	7	17
84	768	14	678	20	5431	82	913	7	16
85	782	14	698	19	5349	82	906	7	15
86	796	14	717	20	5267	82	899	7	14
87	810	15	737	19	5185	82	892	6	13
88	825	14	756	19	5103	82	886	7	12
89	839	14	775	20	5021	81	879	7	11
90	43853	14	48795	19	2,04940	82	89872	7	10
91	867	14	814	20	4858	82	865	7	9
92	881	14	834	19	4776	81	858	7	8
93	895	14	853	20	4695	82	851	7	7
94	909	14	873	19	4613	81	844	7	6
95	923	14	892	20	4532	82	837	7	5
96	937	15	912	19	4450	81	830	7	4
97	952	14	931	20	4369	81	823	6	3
98	966	14	951	19	4288	81	817	7	2
99	980	14	970	19	4207	82	810	7	1
100	43994		48989		2,04125		89803		0
	cos 0,		cotg 0,		tang		sin 0,		c

71ᵍ

	6	7	8	14	15	19	20	76	77	78	79	80	81	
1	0,6	0,7	0,8	1,4	1,5	1,9	2,0	7,6	7,7	7,8	7,9	8,0	8,1	1
2	1,2	1,4	1,6	2,8	3,0	3,8	4,0	15,2	15,4	15,6	15,8	16,0	16,2	2
3	1,8	2,1	2,4	4,2	4,5	5,7	6,0	22,8	23,1	23,4	23,7	24,0	24,3	3
4	2,4	2,8	3,2	5,6	6,0	7,6	8,0	30,4	30,8	31,2	31,6	32,0	32,4	4
5	3,0	3,5	4,0	7,0	7,5	9,5	10,0	38,0	38,5	39,0	39,5	40,0	40,5	5
6	3,6	4,2	4,8	8,4	9,0	11,4	12,0	45,6	46,2	46,8	47,4	48,0	48,6	6
7	4,2	4,9	5,6	9,8	10,5	13,3	14,0	53,2	53,9	54,6	55,3	56,0	56,7	7
8	4,8	5,6	6,4	11,2	12,0	15,2	16,0	60,8	61,6	62,4	63,2	64,0	64,8	8
9	5,4	6,3	7,2	12,6	13,5	17,1	18,0	68,4	69,3	70,2	71,1	72,0	72,9	9

29g

c	sin 0,	d	tang 0,	d	cotg	d	cos 0,	d	
0	43994		48989		2,04125		89803		100
1	44008	14	49009	20	4044	81	796	7	99
2	022	14	028	19	3963	81	789	7	98
3	036	14	048	20	3882	81	782	7	97
4	050	14	067	19	3801	81	775	7	96
5	064	14	087	20	3720	81	768	7	95
6	079	15	106	19	3639	81	761	7	94
7	093	14	126	20	3559	80	754	7	93
8	107	14	145	19	3478	81	747	7	92
9	121	14	165	20	3397	81	740	7	91
10	44135	14	49184	19	2,03316	81	89734	6	90
11	149	14	204	20	3236	80	727	7	89
12	163	14	223	19	3155	81	720	7	88
13	177	14	243	20	3075	80	713	7	87
14	191	14	262	19	2994	81	706	7	86
15	205	14	282	20	2914	80	699	7	85
16	219	14	302	20	2833	81	692	7	84
17	234	15	321	19	2753	80	685	7	83
18	248	14	341	20	2673	80	678	7	82
19	262	14	360	19	2593	80	671	7	81
20	44276	14	49380	20	2,02513	80	89664	7	80
21	290	14	399	19	2432	81	657	7	79
22	304	14	419	20	2352	80	650	7	78
23	318	14	438	19	2272	80	643	7	77
24	332	14	458	20	2192	80	636	7	76
25	346	14	477	19	2113	79	629	7	75
26	360	14	497	20	2033	80	622	7	74
27	374	14	516	19	1953	80	615	7	73
28	388	14	536	20	1873	80	608	7	72
29	403	15	556	20	1793	80	601	7	71
30	44417	14	49575	19	2,01714	79	89594	7	70
31	431	14	595	20	1634	80	587	7	69
32	445	14	614	19	1555	79	580	7	68
33	459	14	634	20	1475	80	574	6	67
34	473	14	653	19	1396	79	567	7	66
35	487	14	673	20	1316	80	560	7	65
36	501	14	693	20	1237	79	553	7	64
37	515	14	712	19	1158	79	546	7	63
38	529	14	732	20	1078	80	539	7	62
39	543	14	751	19	0999	79	532	7	61
40	44557	14	49771	20	2,00920	79	89525	7	60
41	571	14	791	20	0841	79	518	7	59
42	585	14	810	19	0762	79	511	7	58
43	599	14	830	20	0683	79	504	7	57
44	614	15	849	19	0604	79	497	7	56
45	628	14	869	20	0525	79	490	7	55
46	642	14	889	20	0446	79	483	7	54
47	656	14	908	19	0368	78	476	7	53
48	670	14	928	20	0289	79	469	7	52
49	684	14	948	20	0210	79	461	8	51
50	44698	14	49967	19	2,00131	79	89454	7	50
	cos 0,		cotg 0,		tang		sin 0,		

	sin 0,	d	tang 0,	d	cotg	d	cos 0,	d	
50	44698		49967		2,00131		89454		50
51	712	14	49987	20	2,00053	78	447	7	49
52	726	14	50006	19	1,99974	79	440	7	48
53	740	14	026	20	9896	78	433	7	47
54	754	14	046	20	9817	79	426	7	46
55	768	14	065	19	9739	78	419	7	45
56	782	14	085	20	9661	78	412	7	44
57	796	14	105	20	9582	79	405	7	43
58	810	14	124	19	9504	78	398	7	42
59	824	14	144	20	9426	78	391	7	41
60	44838	14	50164	20	1,99348	78	89384	7	40
61	852	14	183	19	9270	78	377	7	39
62	866	14	203	20	9191	79	370	7	38
63	880	14	223	20	9113	78	363	7	37
64	894	14	242	19	9036	77	356	7	36
65	909	15	262	20	8958	78	349	7	35
66	923	14	282	20	8880	78	342	7	34
67	937	14	301	19	8802	78	335	7	33
68	951	14	321	20	8724	78	328	7	32
69	965	14	341	20	8646	78	321	7	31
70	44979	14	50360	19	1,98569	77	89314	7	30
71	44993	14	380	20	8491	78	307	7	29
72	45007	14	400	20	8414	77	299	8	28
73	021	14	419	19	8336	78	292	7	27
74	035	14	439	20	8259	77	285	7	26
75	049	14	459	20	8181	78	278	7	25
76	063	14	479	20	8104	77	271	7	24
77	077	14	498	19	8026	78	264	7	23
78	091	14	518	20	7949	77	257	7	22
79	105	14	538	20	7872	77	250	7	21
80	45119	14	50557	19	1,97795	77	89243	7	20
81	133	14	577	20	7718	77	236	7	19
82	147	14	597	20	7641	77	229	7	18
83	161	14	617	20	7563	78	222	7	17
84	175	14	636	19	7486	77	214	8	16
85	189	14	656	20	7410	76	207	7	15
86	203	14	676	20	7333	77	200	7	14
87	217	14	696	20	7256	77	193	7	13
88	231	14	715	19	7179	77	186	7	12
89	245	14	735	20	7102	77	179	7	11
90	45259	14	50755	20	1,97026	76	89172	7	10
91	273	14	775	20	6949	77	165	7	9
92	287	14	794	19	6872	77	158	7	8
93	301	14	814	20	6796	76	151	7	7
94	315	14	834	20	6719	77	143	8	6
95	329	14	854	20	6643	76	136	7	5
96	343	14	873	19	6566	77	129	7	4
97	357	14	893	20	6490	76	122	7	3
98	371	14	913	20	6414	76	115	7	2
99	385	14	933	20	6337	77	108	7	1
100	45399	14	50953	20	1,96261	76	89101	7	0
	cos 0,		cotg 0,		tang		sin 0,		c

70g

28	70
0,47	1,96

	7	8	13	14	19	20	21	71	72	73	74	75	76	
1	0,7	0,8	1,3	1,4	1,9	2,0	2,1	7,1	7,2	7,3	7,4	7,5	7,6	1
2	1,4	1,6	2,6	2,8	3,8	4,0	4,2	14,2	14,4	14,6	14,8	15,0	15,2	2
3	2,1	2,4	3,9	4,2	5,7	6,0	6,3	21,3	21,6	21,9	22,2	22,5	22,8	3
4	2,8	3,2	5,2	5,6	7,6	8,0	8,4	28,4	28,8	29,2	29,6	30,0	30,4	4
5	3,5	4,0	6,5	7,0	9,5	10,0	10,5	35,5	36,0	36,5	37,0	37,5	38,0	5
6	4,2	4,8	7,8	8,4	11,4	12,0	12,6	42,6	43,2	43,8	44,4	45,0	45,6	6
7	4,9	5,6	9,1	9,8	13,3	14,0	14,7	49,7	50,4	51,1	51,8	52,5	53,2	7
8	5,6	6,4	10,4	11,2	15,2	16,0	16,8	56,8	57,6	58,4	59,2	60,0	60,8	8
9	6,3	7,2	11,7	12,6	17,1	18,0	18,9	63,9	64,8	65,7	66,6	67,5	68,4	9

30g

c	sin 0,	d	tang 0,	d	cotg	d	cos 0,	d	
0	45399	14	50953	19	1,96261	76	89101	7	100
1	413	14	972	20	6185	76	094	8	99
2	427	14	50992	20	6109	76	086	7	98
3	441	14	51012	20	6033	76	079	7	97
4	455	14	032	20	5957	76	072	7	96
5	469	14	052	19	5881	76	065	7	95
6	483	14	071	20	5805	76	058	7	94
7	497	14	091	20	5729	76	051	7	93
8	511	14	111	20	5653	76	044	8	92
9	525	14	131	20	5577	76	036	7	91
10	45539	14	51151	19	1,95501	75	89029	7	90
11	553	14	170	20	5426	76	022	7	89
12	567	14	190	20	5350	76	015	7	88
13	581	14	210	20	5274	75	008	7	87
14	595	14	230	20	5199	76	89001	8	86
15	609	14	250	20	5123	75	88993	7	85
16	623	14	270	19	5048	76	986	7	84
17	637	14	289	20	4972	75	979	7	83
18	651	14	309	20	4897	76	972	7	82
19	665	14	329	20	4821	75	965	7	81
20	45679	14	51349	20	1,94746	75	88958	8	80
21	693	14	369	20	4671	75	950	7	79
22	707	14	389	19	4596	76	943	7	78
23	721	14	408	20	4520	75	936	7	77
24	735	14	428	20	4445	75	929	7	76
25	749	14	448	20	4370	75	922	8	75
26	763	14	468	20	4295	75	914	7	74
27	777	13	488	20	4220	75	907	7	73
28	790	14	508	20	4145	75	900	7	72
29	804	14	528	20	4070	74	893	7	71
30	45818	14	51548	19	1,93996	75	88886	7	70
31	832	14	567	20	3921	75	879	8	69
32	846	14	587	20	3846	75	871	7	68
33	860	14	607	20	3771	74	864	7	67
34	874	14	627	20	3697	75	857	7	66
35	888	14	647	20	3622	75	850	7	65
36	902	14	667	20	3547	74	843	8	64
37	916	14	687	20	3473	75	835	7	63
38	930	14	707	20	3398	74	828	7	62
39	944	14	727	20	3324	74	821	7	61
40	45958	14	51747	19	1,93250	75	88814	8	60
41	972	14	766	20	3175	74	806	7	59
42	45986	14	786	20	3101	74	799	7	58
43	46000	14	806	20	3027	74	792	7	57
44	014	14	826	20	2953	75	785	7	56
45	028	14	846	20	2878	74	778	8	55
46	042	14	866	20	2804	74	770	7	54
47	056	14	886	20	2730	74	763	7	53
48	070	13	906	20	2656	74	756	7	52
49	083	14	926	20	2582	74	749	8	51
50	46097		51946		1,92508		88741		50
	cos 0,		cotg 0,		tang		sin 0,		

c	sin 0,	d	tang 0,	d	cotg	d	cos 0,	d	
50	46097	14	51946	20	1,92508	74	88741	7	50
51	111	14	966	20	2434	74	734	7	49
52	125	14	51986	20	2360	73	727	7	48
53	139	14	52006	20	2287	74	720	8	47
54	153	14	026	20	2213	74	712	7	46
55	167	14	046	20	2139	74	705	7	45
56	181	14	066	20	2065	73	698	7	44
57	195	14	086	20	1992	74	691	8	43
58	209	14	106	19	1918	73	683	7	42
59	223	14	125	20	1845	74	676	7	41
60	46237	14	52145	20	1,91771	73	88669	7	40
61	251	14	165	20	1698	74	662	8	39
62	265	14	185	20	1624	73	654	7	38
63	279	13	205	20	1551	73	647	7	37
64	292	14	225	20	1478	74	640	8	36
65	306	14	245	20	1404	73	632	7	35
66	320	14	265	20	1331	73	625	7	34
67	334	14	285	20	1258	73	618	7	33
68	348	14	305	20	1185	73	611	8	32
69	362	14	325	20	1112	73	603	7	31
70	46376	14	52345	20	1,91039	73	88596	7	30
71	390	14	365	20	0966	73	589	7	29
72	404	14	385	20	0893	73	582	8	28
73	418	14	405	20	0820	73	574	7	27
74	432	14	425	21	0747	73	567	7	26
75	446	13	446	20	0674	73	560	8	25
76	459	14	466	20	0601	73	552	7	24
77	473	14	486	20	0528	72	545	7	23
78	487	14	506	20	0456	73	538	8	22
79	501	14	526	20	0383	73	530	7	21
80	46515	14	52546	20	1,90310	72	88523	7	20
81	529	14	566	20	0238	73	516	7	19
82	543	14	586	20	0165	72	509	8	18
83	557	14	606	20	0093	73	501	7	17
84	571	14	626	20	1,90020	72	494	7	16
85	585	14	646	20	1,89948	72	487	8	15
86	599	13	666	20	9876	73	479	7	14
87	612	14	686	20	9803	72	472	7	13
88	626	14	706	20	9731	72	465	8	12
89	640	14	726	20	9659	72	457	7	11
90	46654	14	52746	20	1,89587	72	88450	7	10
91	668	14	766	20	9515	73	443	8	9
92	682	14	786	21	9442	72	435	7	8
93	696	14	807	20	9370	72	428	7	7
94	710	14	827	20	9298	72	421	8	6
95	724	13	847	20	9226	72	413	7	5
96	737	14	867	20	9154	71	406	7	4
97	751	14	887	20	9083	72	399	8	3
98	765	14	907	20	9011	72	391	7	2
99	779	14	927	20	8939	72	384	7	1
100	46793		52947		1,88867		88377		0
	cos 0,		cotg 0,		tang		sin 0,		c

69g

	7	8	13	14	20	21	67	68	69	70	71	72	
1	0,7	0,8	1,3	1,4	2,0	2,1	6,7	6,8	6,9	7,0	7,1	7,2	1
2	1,4	1,6	2,6	2,8	4,0	4,2	13,4	13,6	13,8	14,0	14,2	14,4	2
3	2,1	2,4	3,9	4,2	6,0	6,3	20,1	20,4	20,7	21,0	21,3	21,6	3
4	2,8	3,2	5,2	5,6	8,0	8,4	26,8	27,2	27,6	28,0	28,4	28,8	4
5	3,5	4,0	6,5	7,0	10,0	10,5	33,5	34,0	34,5	35,0	35,5	36,0	5
6	4,2	4,8	7,8	8,4	12,0	12,6	40,2	40,8	41,4	42,0	42,6	43,2	6
7	4,9	5,6	9,1	9,8	14,0	14,7	46,9	47,6	48,3	49,0	49,7	50,4	7
8	5,6	6,4	10,4	11,2	16,0	16,8	53,6	54,4	55,2	56,0	56,8	57,6	8
9	6,3	7,2	11,7	12,6	18,0	18,9	60,3	61,2	62,1	63,0	63,9	64,8	9

31g

c	sin 0,	d	tang 0,	d	cotg	d	cos 0,	d	
0	46793	14	52947	20	1,88867	72	88377	8	100
1	807	14	967	21	795	71	369	7	99
2	821	14	52988	20	724	72	362	7	98
3	835	14	53008	20	652	71	355	8	97
4	849	13	028	20	581	72	347	7	96
5	862	14	048	20	509	72	340	8	95
6	876	14	068	20	437	71	332	7	94
7	890	14	088	20	366	71	325	7	93
8	904	14	108	20	295	72	318	8	92
9	918	14	128	21	223	71	310	7	91
10	46932	14	53149	20	1,88152	71	88303	7	90
11	946	13	169	20	081	72	296	8	89
12	959	14	189	20	1,88009	71	288	7	88
13	973	14	209	20	1,87938	71	281	8	87
14	46987	14	229	20	867	71	273	7	86
15	47001	14	249	20	796	71	266	7	85
16	015	14	269	21	725	71	259	8	84
17	029	14	290	20	654	71	251	7	83
18	043	14	310	20	583	71	244	7	82
19	057	13	330	20	512	71	237	8	81
20	47070	14	53350	20	1,87441	71	88229	7	80
21	084	14	370	21	370	71	222	8	79
22	098	14	391	20	299	71	214	7	78
23	112	14	411	20	228	70	207	7	77
24	126	14	431	20	158	71	200	8	76
25	140	14	451	20	087	71	192	7	75
26	154	13	471	21	1,87016	70	185	8	74
27	167	14	492	20	1,86946	71	177	7	73
28	181	14	512	20	875	71	170	8	72
29	195	14	532	20	804	70	162	7	71
30	47209	14	53552	20	1,86734	71	88155	7	70
31	223	14	572	21	663	70	148	8	69
32	237	13	593	20	593	70	140	7	68
33	250	14	613	20	523	71	133	8	67
34	264	14	633	20	452	70	125	7	66
35	278	14	653	20	382	70	118	7	65
36	292	14	673	21	312	70	111	8	64
37	306	14	694	20	242	71	103	7	63
38	320	14	714	20	171	70	096	8	62
39	334	13	734	20	101	70	088	7	61
40	47347	14	53754	21	1,86031	70	88081	8	60
41	361	14	775	20	1,85961	70	073	7	59
42	375	14	795	20	891	70	066	8	58
43	389	14	815	20	821	70	058	7	57
44	403	14	835	21	751	70	051	7	56
45	417	13	856	20	681	70	044	8	55
46	430	14	876	20	611	69	036	7	54
47	444	14	896	21	542	70	029	8	53
48	458	14	917	20	472	70	021	7	52
49	472	14	937	20	402	69	014	8	51
50	47486		53957		1,85333		88006		50
	cos 0,		cotg 0,		tang		sin 0,		

c	sin 0,	d	tang 0,	d	cotg	d	cos 0,	d	
50	47486	13	53957	20	1,85333	70	88006	7	50
51	499	14	977	21	263	70	87999	8	49
52	513	14	53998	20	193	69	991	7	48
53	527	14	54018	20	124	70	984	8	47
54	541	14	038	21	1,85054	69	976	7	46
55	555	14	059	20	1,84985	70	969	7	45
56	569	13	079	20	915	69	962	8	44
57	582	14	099	20	846	69	954	7	43
58	596	14	119	21	777	70	947	8	42
59	610	14	140	20	707	69	939	7	41
60	47624	14	54160	20	1,84638	69	87932	8	40
61	638	13	180	21	569	70	924	7	39
62	651	14	201	20	499	69	917	8	38
63	665	14	221	20	430	69	909	7	37
64	679	14	241	21	361	69	902	8	36
65	693	14	262	20	292	69	894	7	35
66	707	13	282	20	223	69	887	8	34
67	720	14	302	21	154	69	879	7	33
68	734	14	323	20	085	69	872	8	32
69	748	14	343	20	1,84016	69	864	7	31
70	47762	14	54363	21	1,83947	68	87857	8	30
71	776	13	384	20	879	69	849	7	29
72	789	14	404	20	810	69	842	8	28
73	803	14	424	21	741	69	834	7	27
74	817	14	445	20	672	68	827	8	26
75	831	14	465	21	604	69	819	7	25
76	845	13	486	20	535	69	812	8	24
77	858	14	506	20	466	68	804	7	23
78	872	14	526	21	398	69	797	8	22
79	886	14	547	20	329	68	789	7	21
80	47900	14	54567	20	1,83261	69	87782	8	20
81	914	13	587	21	192	68	774	7	19
82	927	14	608	20	124	68	767	8	18
83	941	14	628	21	1,83056	69	759	8	17
84	955	14	649	20	1,82987	68	751	7	16
85	969	14	669	20	919	68	744	8	15
86	983	13	689	21	851	69	736	7	14
87	47996	14	710	20	782	68	729	8	13
88	48010	14	730	21	714	68	721	7	12
89	024	14	751	20	646	68	714	8	11
90	48038	13	54771	21	1,82578	68	87706	7	10
91	051	14	792	20	510	68	699	8	9
92	065	14	812	20	442	68	691	7	8
93	079	14	832	21	374	68	684	8	7
94	093	14	853	20	306	68	676	8	6
95	107	13	873	21	238	68	668	7	5
96	120	14	894	20	170	67	661	8	4
97	134	14	914	21	103	68	653	7	3
98	148	14	935	20	1,82035	68	646	8	2
99	162	13	955	20	1,81967	68	638	7	1
100	48175		54975		1,81899		87631		0
	cos 0,		cotg 0,		tang		sin 0,		c

68g

30 68
0,50 1,81

	7	8	13	14	20	21	64	65	66	67	68	
1	0,7	0,8	1,3	1,4	2,0	2,1	6,4	6,5	6,6	6,7	6,8	1
2	1,4	1,6	2,6	2,8	4,0	4,2	12,8	13,0	13,2	13,4	13,6	2
3	2,1	2,4	3,9	4,2	6,0	6,3	19,2	19,5	19,8	20,1	20,4	3
4	2,8	3,2	5,2	5,6	8,0	8,4	25,6	26,0	26,4	26,8	27,2	4
5	3,5	4,0	6,5	7,0	10,0	10,5	32,0	32,5	33,0	33,5	34,0	5
6	4,2	4,8	7,8	8,4	12,0	12,6	38,4	39,0	39,6	40,2	40,8	6
7	4,9	5,6	9,1	9,8	14,0	14,7	44,8	45,5	46,2	46,9	47,6	7
8	5,6	6,4	10,4	11,2	16,0	16,8	51,2	52,0	52,8	53,6	54,4	8
9	6,3	7,2	11,7	12,6	18,0	18,9	57,6	58,5	59,4	60,3	61,2	9

32g

c	sin 0,		tang 0,		cotg		cos 0,		
0	48175	14	54975	21	1,81899	67	87631	8	100
1	189	14	54996	20	832	68	623	7	99
2	203	14	55016	21	764	68	616	8	98
3	217	13	037	20	696	67	608	8	97
4	230	14	057	21	629	68	600	7	96
5	244	14	078	20	561	67	593	8	95
6	258	14	098	21	494	68	585	7	94
7	272	13	119	20	426	67	578	8	93
8	285	14	139	21	359	67	570	8	92
9	299	14	160	20	292	68	562	7	91
10	48313	14	55180	21	1,81224	67	87555	8	90
11	327	13	201	20	157	67	547	7	89
12	340	14	221	21	090	67	540	8	88
13	354	14	242	20	1,81023	67	532	7	87
14	368	14	262	21	1,80956	68	525	8	86
15	382	13	283	20	888	67	517	8	85
16	395	14	303	21	821	67	509	7	84
17	409	14	324	20	754	67	502	8	83
18	423	14	344	21	687	67	494	8	82
19	437	13	365	20	620	67	486	7	81
20	48450	14	55385	21	1,80553	67	87479	8	80
21	464	14	406	20	486	66	471	7	79
22	478	14	426	21	420	67	464	8	78
23	492	13	447	20	353	67	456	8	77
24	505	14	467	21	286	67	448	7	76
25	519	14	488	21	219	66	441	8	75
26	533	14	509	20	153	67	433	7	74
27	547	13	529	21	086	67	426	8	73
28	560	14	550	20	1,80019	66	418	8	72
29	574	14	570	21	1,79953	67	410	7	71
30	48588	14	55591	20	1,79886	66	87403	8	70
31	602	13	611	21	820	67	395	8	69
32	615	14	632	20	753	66	387	7	68
33	629	14	652	21	687	67	380	8	67
34	643	13	673	21	620	66	372	8	66
35	656	14	694	20	554	66	364	7	65
36	670	14	714	21	488	67	357	8	64
37	684	14	735	20	421	66	349	7	63
38	698	13	755	21	355	66	342	8	62
39	711	14	776	21	289	66	334	8	61
40	48725	14	55797	20	1,79223	67	87326	7	60
41	739	13	817	21	156	66	319	8	59
42	752	14	838	20	090	66	311	8	58
43	766	14	858	21	1,79024	66	303	7	57
44	780	14	879	21	1,78958	66	296	8	56
45	794	13	900	20	892	66	288	8	55
46	807	14	920	21	826	66	280	7	54
47	821	14	941	20	760	65	273	8	53
48	835	13	961	21	695	66	265	8	52
49	848	14	55982	21	629	66	257	7	51
50	48862		56003		1,78563		87250		50
	cos 0,		cotg 0,		tang		sin 0,		

	sin 0,		tang 0,		cotg		cos 0,		
50	48862	14	56003	20	1,78563	66	87250	8	50
51	876	14	023	21	497	66	242	8	49
52	890	13	044	21	431	65	234	7	48
53	903	14	065	20	366	66	227	8	47
54	917	14	085	21	300	66	219	8	46
55	931	13	106	21	234	65	211	7	45
56	944	14	127	20	169	66	204	8	44
57	958	14	147	21	103	65	196	8	43
58	972	13	168	21	1,78038	66	188	8	42
59	985	14	189	20	1,77972	65	180	7	41
60	48999	14	56209	21	1,77907	66	87173	8	40
61	49013	13	230	21	841	65	165	8	39
62	026	14	251	20	776	65	157	7	38
63	040	14	271	21	711	66	150	8	37
64	054	14	292	21	645	65	142	8	36
65	068	13	313	20	580	65	134	7	35
66	081	14	333	21	515	65	127	8	34
67	095	14	354	21	450	65	119	8	33
68	109	13	375	20	385	66	111	8	32
69	122	14	395	21	319	65	103	7	31
70	49136	14	56416	21	1,77254	65	87096	8	30
71	150	13	437	21	189	65	088	8	29
72	163	14	458	20	124	65	080	7	28
73	177	14	478	21	1,77059	65	073	8	27
74	191	13	499	21	1,76994	65	065	8	26
75	204	14	520	20	929	64	057	8	25
76	218	14	540	21	865	65	049	7	24
77	232	13	561	21	800	65	042	8	23
78	245	14	582	21	735	65	034	8	22
79	259	14	603	20	670	64	026	8	21
80	49273	13	56623	21	1,76606	65	87018	7	20
81	286	14	644	21	541	65	011	8	19
82	300	14	665	21	476	64	87003	8	18
83	314	13	686	20	412	65	86995	8	17
84	327	14	706	21	347	65	987	7	16
85	341	14	727	21	282	64	980	8	15
86	355	13	748	21	218	64	972	8	14
87	368	14	769	20	154	65	964	8	13
88	382	14	789	21	089	64	956	7	12
89	396	13	810	21	1,76025	65	949	8	11
90	49409	14	56831	21	1,75960	64	86941	8	10
91	423	14	852	21	896	64	933	8	9
92	437	13	873	20	832	65	925	7	8
93	450	14	893	21	767	64	918	8	7
94	464	14	914	21	703	64	910	8	6
95	478	13	935	21	639	64	902	8	5
96	491	14	956	21	575	64	894	8	4
97	505	14	977	20	511	64	886	7	3
98	519	13	56997	21	447	64	879	8	2
99	532	14	57018	21	383	64	871	8	1
100	49546		57039		1,75319		86863		0
	cos 0,		cotg 0,		tang		sin 0,		c

67g

	7	8	13	14	20	21	22	60	61	62	63	64	
1	0,7	0,8	1,3	1,4	2,0	2,1	2,2	6,0	6,1	6,2	6,3	6,4	1
2	1,4	1,6	2,6	2,8	4,0	4,2	4,4	12,0	12,2	12,4	12,6	12,8	2
3	2,1	2,4	3,9	4,2	6,0	6,3	6,6	18,0	18,3	18,6	18,9	19,2	3
4	2,8	3,2	5,2	5,6	8,0	8,4	8,8	24,0	24,4	24,8	25,2	25,6	4
5	3,5	4,0	6,5	7,0	10,0	10,5	11,0	30,0	30,5	31,0	31,5	32,0	5
6	4,2	4,8	7,8	8,4	12,0	12,6	13,2	36,0	36,6	37,2	37,8	38,4	6
7	4,9	5,6	9,1	9,8	14,0	14,7	15,4	42,0	42,7	43,4	44,1	44,8	7
8	5,6	6,4	10,4	11,2	16,0	16,8	17,6	48,0	48,8	49,6	50,4	51,2	8
9	6,3	7,2	11,7	12,6	18,0	18,9	19,8	54,0	54,9	55,8	56,7	57,6	9

33ᵍ

c	sin 0,		tang 0,		cotg		cos 0,		
0	49546	14	57039	21	1,75319	64	86863	8	100
1	560	13	060	21	255	64	855	7	99
2	573	14	081	20	191	64	848	8	98
3	587	13	101	21	127	64	840	8	97
4	600	14	122	21	1,75063	64	832	8	96
5	614	14	143	21	1,74999	64	824	8	95
6	628	13	164	21	935	63	816	7	94
7	641	14	185	21	872	64	809	8	93
8	655	14	206	21	808	64	801	8	92
9	669	13	227	20	744	63	793	8	91
10	49682	14	57247	21	1,74681	64	86785	8	90
11	696	14	268	21	617	64	777	7	89
12	710	13	289	21	553	63	770	8	88
13	723	14	310	21	490	64	762	8	87
14	737	13	331	21	426	63	754	8	86
15	750	14	352	21	363	64	746	8	85
16	764	14	373	20	299	63	738	7	84
17	778	13	393	21	236	63	731	8	83
18	791	14	414	21	173	64	723	8	82
19	805	14	435	21	109	63	715	8	81
20	49819	13	57456	21	1,74046	63	86707	8	80
21	832	14	477	21	1,73983	64	699	8	79
22	846	13	498	21	919	63	691	7	78
23	859	14	519	21	856	63	684	8	77
24	873	14	540	21	793	63	676	8	76
25	887	13	561	21	730	63	668	8	75
26	900	14	582	20	667	63	660	8	74
27	914	13	602	21	604	63	652	8	73
28	927	14	623	21	541	63	644	7	72
29	941	14	644	21	478	63	637	8	71
30	49955	13	57665	21	1,73415	63	86629	8	70
31	968	14	686	21	352	63	621	8	69
32	982	13	707	21	289	63	613	8	68
33	49995	14	728	21	226	63	605	8	67
34	50009	14	749	21	163	63	597	8	66
35	023	13	770	21	100	62	589	7	65
36	036	14	791	21	1,73038	63	582	8	64
37	050	13	812	21	1,72975	63	574	8	63
38	063	14	833	21	912	62	566	8	62
39	077	14	854	21	850	63	558	8	61
40	50091	13	57875	21	1,72787	63	86550	8	60
41	104	14	896	21	724	62	542	8	59
42	118	13	917	21	662	63	534	7	58
43	131	14	938	21	599	62	527	8	57
44	145	14	959	21	537	63	519	8	56
45	159	13	57980	21	474	62	511	8	55
46	172	14	58001	21	412	62	503	8	54
47	186	13	022	21	350	63	495	8	53
48	199	14	043	21	287	62	487	8	52
49	213	14	064	21	225	62	479	8	51
50	50227		58085		1,72163		86471		50
	cos 0,		cotg 0,		tang		sin 0,		

	sin 0,		tang 0,		cotg		cos 0,		
50	50227	13	58085	21	1,72163	63	86471	8	50
51	240	14	106	21	100	62	463	7	49
52	254	13	127	21	1,72038	62	456	8	48
53	267	14	148	21	1,71976	62	448	8	47
54	281	13	169	21	914	62	440	8	46
55	294	14	190	21	852	62	432	8	45
56	308	14	211	21	790	62	424	8	44
57	322	13	232	21	728	62	416	8	43
58	335	14	253	21	666	62	408	8	42
59	349	13	274	21	604	62	400	8	41
60	50362	14	58295	21	1,71542	62	86392	8	40
61	376	13	316	21	480	62	384	7	39
62	389	14	337	21	418	62	377	8	38
63	403	14	358	21	356	62	369	8	37
64	417	13	379	21	294	62	361	8	36
65	430	14	400	21	232	61	353	8	35
66	444	13	421	21	171	62	345	8	34
67	457	14	442	21	109	62	337	8	33
68	471	13	463	21	1,71047	61	329	8	32
69	484	14	484	22	1,70986	62	321	8	31
70	50498	14	58506	21	1,70924	62	86313	8	30
71	512	13	527	21	862	61	305	8	29
72	525	14	548	21	801	62	297	8	28
73	539	13	569	21	739	61	289	8	27
74	552	14	590	21	678	62	281	8	26
75	566	13	611	21	616	61	273	8	25
76	579	14	632	21	555	61	265	7	24
77	593	13	653	21	494	62	258	8	23
78	606	14	674	21	432	61	250	8	22
79	620	13	695	22	371	61	242	8	21
80	50633	14	58717	21	1,70310	62	86234	8	20
81	647	14	738	21	248	61	226	8	19
82	661	13	759	21	187	61	218	8	18
83	674	14	780	21	126	61	210	8	17
84	688	13	801	21	065	61	202	8	16
85	701	14	822	21	1,70004	61	194	8	15
86	715	13	843	22	1,69943	61	186	8	14
87	728	14	865	21	882	61	178	8	13
88	742	13	886	21	821	61	170	8	12
89	755	14	907	21	760	61	162	8	11
90	50769	13	58928	21	1,69699	61	86154	8	10
91	782	14	949	21	638	61	146	8	9
92	796	13	970	22	577	61	138	8	8
93	809	14	58992	21	516	61	130	8	7
94	823	14	59013	21	455	61	122	8	6
95	837	13	034	21	394	60	114	8	5
96	850	14	055	21	334	61	106	8	4
97	864	13	076	21	273	61	098	8	3
98	877	14	097	22	212	61	090	8	2
99	891	13	119	21	151	60	082	8	1
100	50904		59140		1,69091		86074		0
	cos 0,		cotg 0,		tang		sin 0,		c

66ᵍ

32	66
0,54	1,69

	8	9	13	14	21	22	57	58	59	60	61	
1	0,8	0,9	1,3	1,4	2,1	2,2	5,7	5,8	5,9	6,0	6,1	1
2	1,6	1,8	2,6	2,8	4,2	4,4	11,4	11,6	11,8	12,0	12,2	2
3	2,4	2,7	3,9	4,2	6,3	6,6	17,1	17,4	17,7	18,0	18,3	3
4	3,2	3,6	5,2	5,6	8,4	8,8	22,8	23,2	23,6	24,0	24,4	4
5	4,0	4,5	6,5	7,0	10,5	11,0	28,5	29,0	29,5	30,0	30,5	5
6	4,8	5,4	7,8	8,4	12,6	13,2	34,2	34,8	35,4	36,0	36,6	6
7	5,6	6,3	9,1	9,8	14,7	15,4	39,9	40,6	41,3	42,0	42,7	7
8	6,4	7,2	10,4	11,2	16,8	17,6	45,6	46,4	47,2	48,0	48,8	8
9	7,2	8,1	11,7	12,6	18,9	19,8	51,3	52,2	53,1	54,0	54,9	9

34^g

c	sin 0,	d	tang 0,	d	cotg	d	cos 0,	d	
0	50904		59140		1,69091		86074		100
1	918	14	161	21	1,69030	61	066	8	99
2	931	13	182	21	1,68970	60	058	8	98
3	945	14	203	21	909	61	050	8	97
4	958	13	225	22	849	60	042	8	96
5	972	14	246	21	788	61	034	8	95
6	985	13	267	21	728	60	026	8	94
7	50999	14	288	21	667	61	018	8	93
8	51012	13	310	22	607	60	010	8	92
9	026	14	331	21	546	61	86002	8	91
10	51039	13	59352	21	1,68486	60	85994	8	90
11	053	14	373	21	426	60	986	8	89
12	066	13	395	22	366	60	978	8	88
13	080	14	416	21	305	61	970	8	87
14	093	13	437	21	245	60	962	8	86
15	107	14	458	21	185	60	954	8	85
16	120	13	480	22	125	60	946	8	84
17	134	14	501	21	065	60	938	8	83
18	147	13	522	21	1,68005	60	930	8	82
19	161	14	543	21	1,67945	60	922	8	81
20	51174	13	59565	22	1,67885	60	85914	8	80
21	188	14	586	21	825	60	906	8	79
22	201	13	607	21	765	60	898	8	78
23	215	14	629	22	705	60	890	8	77
24	228	13	650	21	645	60	882	8	76
25	242	14	671	21	585	60	874	8	75
26	255	13	692	21	525	60	866	8	74
27	269	14	714	22	466	59	858	8	73
28	282	13	735	21	406	60	849	9	72
29	296	14	756	21	346	60	841	8	71
30	51309	13	59778	22	1,67287	59	85833	8	70
31	323	14	799	21	227	60	825	8	69
32	336	13	820	21	167	60	817	8	68
33	350	14	842	22	108	59	809	8	67
34	363	13	863	21	1,67048	60	801	8	66
35	377	14	884	21	1,66989	59	793	8	65
36	390	13	906	22	929	60	785	8	64
37	404	14	927	21	870	59	777	8	63
38	417	13	948	21	810	60	769	8	62
39	430	13	970	22	751	59	761	8	61
40	51444	14	59991	21	1,66691	60	85753	8	60
41	457	13	60012	21	632	59	745	8	59
42	471	14	034	22	573	59	736	9	58
43	484	13	055	21	514	59	728	8	57
44	498	14	077	22	454	60	720	8	56
45	511	13	098	21	395	59	712	8	55
46	525	14	119	21	336	59	704	8	54
47	538	13	141	22	277	59	696	8	53
48	552	14	162	21	218	59	688	8	52
49	565	13	183	21	159	59	680	8	51
50	51579	14	60205	22	1,66099	60	85672	8	50
	cos 0,		cotg 0,		tang		sin 0,		

	sin 0,	d	tang 0,	d	cotg	d	cos 0,	d	
50	51579		60205		1,66099		85672		50
51	592	13	226	21	1,66040	59	664	8	49
52	606	14	248	22	1,65981	59	656	8	48
53	619	13	269	21	922	59	647	9	47
54	632	13	291	22	864	58	639	8	46
55	646	14	312	21	805	59	631	8	45
56	659	13	333	21	746	59	623	8	44
57	673	14	355	22	687	59	615	8	43
58	686	13	376	21	628	59	607	8	42
59	700	14	398	22	569	59	599	8	41
60	51713	13	60419	21	1,65511	58	85591	8	40
61	727	14	441	22	452	59	583	8	39
62	740	13	462	21	393	59	574	9	38
63	753	13	483	21	334	59	566	8	37
64	767	14	505	22	276	58	558	8	36
65	780	13	526	21	217	59	550	8	35
66	794	14	548	22	159	58	542	8	34
67	807	13	569	21	100	59	534	8	33
68	821	14	591	22	1,65042	58	526	8	32
69	834	13	612	21	1,64983	59	517	9	31
70	51847	13	60634	22	1,64925	58	85509	8	30
71	861	14	655	21	866	59	501	8	29
72	874	13	677	22	808	58	493	8	28
73	888	14	698	21	750	58	485	8	27
74	901	13	720	22	691	59	477	8	26
75	915	14	741	21	633	58	469	8	25
76	928	13	763	22	575	58	460	9	24
77	941	13	784	21	516	59	452	8	23
78	955	14	806	22	458	58	444	8	22
79	968	13	827	21	400	58	436	8	21
80	51982	14	60849	22	1,64342	58	85428	8	20
81	51995	13	870	21	284	58	420	8	19
82	52009	14	892	22	226	58	411	9	18
83	022	13	913	21	168	58	403	8	17
84	035	13	935	22	110	58	395	8	16
85	049	14	956	21	1,64052	58	387	8	15
86	062	13	60978	22	1,63994	58	379	8	14
87	076	14	61000	22	936	58	371	8	13
88	089	13	021	21	878	58	362	9	12
89	102	13	043	22	820	58	354	8	11
90	52116	14	61064	21	1,63762	58	85346	8	10
91	129	13	086	22	704	58	338	8	9
92	143	14	107	21	646	58	330	8	8
93	156	13	129	22	589	57	321	9	7
94	169	13	151	22	531	58	313	8	6
95	183	14	172	21	473	58	305	8	5
96	196	13	194	22	416	57	297	8	4
97	210	14	215	21	358	58	289	8	3
98	223	13	237	22	300	58	280	9	2
99	236	13	258	21	243	57	272	8	1
100	52250	14	61280	22	1,63185	58	85264	8	0
	cos 0,		cotg 0,		tang		sin 0,		c

65^g

	8	9	13	14	21	22	54	55	56	57	58	
1	0,8	0,9	1,3	1,4	2,1	2,2	5,4	5,5	5,6	5,7	5,8	1
2	1,6	1,8	2,6	2,8	4,2	4,4	10,8	11,0	11,2	11,4	11,6	2
3	2,4	2,7	3,9	4,2	6,3	6,6	16,2	16,5	16,8	17,1	17,4	3
4	3,2	3,6	5,2	5,6	8,4	8,8	21,6	22,0	22,4	22,8	23,2	4
5	4,0	4,5	6,5	7,0	10,5	11,0	27,0	27,5	28,0	28,5	29,0	5
6	4,8	5,4	7,8	8,4	12,6	13,2	32,4	33,0	33,6	34,2	34,8	6
7	5,6	6,3	9,1	9,8	14,7	15,4	37,8	38,5	39,2	39,9	40,6	7
8	6,4	7,2	10,4	11,2	16,8	17,6	43,2	44,0	44,8	45,6	46,4	8
9	7,2	8,1	11,7	12,6	18,9	19,8	48,6	49,5	50,4	51,3	52,2	9

35g

c	sin 0,		tang 0,		cotg		cos 0,		
0	52250		61280		1,63185		85264		100
1	263	13	302	22	128	57	256	8	99
2	277	14	323	21	070	58	248	8	98
3	290	13	345	22	1,63013	57	239	9	97
4	303	13	367	22	1,62955	58	231	8	96
5	317	14	388	21	898	57	223	8	95
6	330	13	410	22	840	58	215	8	94
7	344	14	431	21	783	57	207	8	93
8	357	13	453	22	726	57	198	9	92
9	370	13	475	22	669	57	190	8	91
10	52384	14	61496	21	1,62611	58	85182	8	90
11	397	13	518	22	554	57	174	8	89
12	410	13	540	22	497	57	165	9	88
13	424	14	561	21	440	57	157	8	87
14	437	13	583	22	383	57	149	8	86
15	451	14	605	22	325	58	141	8	85
16	464	13	626	21	268	57	132	9	84
17	477	13	648	22	211	57	124	8	83
18	491	14	670	22	154	57	116	8	82
19	504	13	691	21	097	57	108	8	81
20	52517	13	61713	22	1,62040	57	85099	9	80
21	531	14	735	22	1,61983	57	091	8	79
22	544	13	756	21	926	57	083	8	78
23	558	14	778	22	870	56	075	8	77
24	571	13	800	22	813	57	066	9	76
25	584	13	822	22	756	57	058	8	75
26	598	14	843	21	699	57	050	8	74
27	611	13	865	22	642	57	042	8	73
28	624	13	887	22	586	56	033	9	72
29	638	14	908	21	529	57	025	8	71
30	52651	13	61930	22	1,61472	57	85017	8	70
31	664	13	952	22	416	56	009	8	69
32	678	14	974	22	359	57	85000	9	68
33	691	13	61995	21	302	57	84992	8	67
34	704	13	62017	22	246	56	984	8	66
35	718	14	039	22	189	57	975	9	65
36	731	13	061	22	133	56	967	8	64
37	745	14	082	21	076	57	959	8	63
38	758	13	104	22	1,61020	56	951	8	62
39	771	13	126	22	1,60963	57	942	9	61
40	52785	14	62148	22	1,60907	56	84934	8	60
41	798	13	169	21	851	56	926	8	59
42	811	13	191	22	794	57	917	9	58
43	825	14	213	22	738	56	909	8	57
44	838	13	235	22	682	56	901	8	56
45	851	13	257	22	625	57	893	8	55
46	865	14	278	21	569	56	884	9	54
47	878	13	300	22	513	56	876	8	53
48	891	13	322	22	457	56	868	8	52
49	905	14	344	22	401	56	859	9	51
50	52918	13	62366	22	1,60345	56	84851	8	50
	cos 0,		cotg 0,		tang		sin 0,		

	sin 0,		tang 0,		cotg		cos 0,		
50	52918		62366		1,60345		84851		50
51	931	13	387	21	289	56	843	8	49
52	945	14	409	22	233	56	834	9	48
53	958	13	431	22	176	57	826	8	47
54	971	13	453	22	121	55	818	8	46
55	985	14	475	22	065	56	809	9	45
56	52998	13	497	22	1,60009	56	801	8	44
57	53011	13	518	21	1,59953	56	793	8	43
58	024	13	540	22	897	56	784	9	42
59	038	14	562	22	841	56	776	8	41
60	53051	13	62584	22	1,59785	56	84768	8	40
61	064	13	606	22	729	56	759	9	39
62	078	14	628	22	674	55	751	8	38
63	091	13	650	22	618	56	743	8	37
64	104	13	672	22	562	56	734	9	36
65	118	14	693	21	506	56	726	8	35
66	131	13	715	22	451	55	718	8	34
67	144	13	737	22	395	56	709	9	33
68	158	14	759	22	340	55	701	8	32
69	171	13	781	22	284	56	693	8	31
70	53184	13	62803	22	1,59228	56	84684	9	30
71	198	14	825	22	173	55	676	8	29
72	211	13	847	22	117	56	668	8	28
73	224	13	869	22	062	55	659	9	27
74	237	13	891	22	1,59006	56	651	8	26
75	251	14	912	21	1,58951	55	643	8	25
76	264	13	934	22	896	55	634	9	24
77	277	13	956	22	840	56	626	8	23
78	291	14	62978	22	785	55	617	9	22
79	304	13	63000	22	730	55	609	8	21
80	53317	13	63022	22	1,58674	56	84601	8	20
81	330	13	044	22	619	55	592	9	19
82	344	14	066	22	564	55	584	8	18
83	357	13	088	22	509	55	576	8	17
84	370	13	110	22	454	55	567	9	16
85	384	14	132	22	399	55	559	8	15
86	397	13	154	22	343	56	550	9	14
87	410	13	176	22	288	55	542	8	13
88	423	13	198	22	233	55	534	8	12
89	437	14	220	22	178	55	525	9	11
90	53450	13	63242	22	1,58123	55	84517	8	10
91	463	13	264	22	068	55	508	9	9
92	477	14	286	22	1,58013	55	500	8	8
93	490	13	308	22	1,57958	55	492	8	7
94	503	13	330	22	904	54	483	9	6
95	516	13	352	22	849	55	475	8	5
96	530	14	374	22	794	55	466	9	4
97	543	13	396	22	739	55	458	8	3
98	556	13	418	22	684	55	450	8	2
99	569	13	440	22	630	54	441	9	1
100	53583	14	63462	22	1,57575	55	84433	8	0
	cos 0,		cotg 0,		tang		sin 0,		c

64g

34 64
0,59 1,57

	8	9	13	14	22	23	52	53	54	55	
1	0,8	0,9	1,3	1,4	2,2	2,3	5,2	5,3	5,4	5,5	1
2	1,6	1,8	2,6	2,8	4,4	4,6	10,4	10,6	10,8	11,0	2
3	2,4	2,7	3,9	4,2	6,6	6,9	15,6	15,9	16,2	16,5	3
4	3,2	3,6	5,2	5,6	8,8	9,2	20,8	21,2	21,6	22,0	4
5	4,0	4,5	6,5	7,0	11,0	11,5	26,0	26,5	27,0	27,5	5
6	4,8	5,4	7,8	8,4	13,2	13,8	31,2	31,8	32,4	33,0	6
7	5,6	6,3	9,1	9,8	15,4	16,1	36,4	37,1	37,8	38,5	7
8	6,4	7,2	10,4	11,2	17,6	18,4	41,6	42,4	43,2	44,0	8
9	7,2	8,1	11,7	12,6	19,8	20,7	46,8	47,7	48,6	49,5	9

36^g

c	sin 0,	d	tang 0,	d	cotg	d	cos 0,	d	
0	53583		63462		1,57575		84433		100
1	596	13	484	22	520	55	424	9	99
2	609	13	506	22	465	55	416	8	98
3	622	13	528	22	411	54	408	8	97
4	636	14	550	22	356	55	399	9	96
5	649	13	572	22	302	54	391	8	95
6	662	13	594	22	247	55	382	9	94
7	675	13	616	22	192	55	374	8	93
8	689	14	638	22	138	54	365	9	92
9	702	13	660	22	083	55	357	8	91
10	53715	13	63682	22	1,57029	54	84349	8	90
11	728	13	705	23	1,56975	54	340	9	89
12	742	14	727	22	920	55	332	8	88
13	755	13	749	22	866	54	323	9	87
14	768	13	771	22	811	55	315	8	86
15	781	13	793	22	757	54	306	9	85
16	795	14	815	22	703	54	298	8	84
17	808	13	837	22	649	54	289	9	83
18	821	13	859	22	594	55	281	8	82
19	834	13	881	22	540	54	272	9	81
20	53848	14	63903	22	1,56486	54	84264	8	80
21	861	13	926	23	432	54	256	8	79
22	874	13	948	22	378	54	247	9	78
23	887	13	970	22	324	54	239	8	77
24	901	14	63992	22	269	55	230	9	76
25	914	13	64014	22	215	54	222	8	75
26	927	13	036	22	161	54	213	9	74
27	940	13	058	22	107	54	205	8	73
28	954	14	081	23	1,56053	54	196	9	72
29	967	13	103	22	1,55999	54	188	8	71
30	53980	13	64125	22	1,55946	53	84179	9	70
31	53993	13	147	22	892	54	171	8	69
32	54006	13	169	22	838	54	162	9	68
33	020	14	191	22	784	54	154	8	67
34	033	13	214	23	730	54	145	9	66
35	046	13	236	22	676	54	137	8	65
36	059	13	258	22	623	53	128	9	64
37	072	13	280	22	569	54	120	8	63
38	086	14	302	22	515	54	111	9	62
39	099	13	325	23	461	54	103	8	61
40	54112	13	64347	22	1,55408	53	84094	9	60
41	125	13	369	22	354	54	086	8	59
42	139	14	391	22	301	53	077	9	58
43	152	13	413	22	247	54	069	8	57
44	165	13	436	23	193	54	060	9	56
45	178	13	458	22	140	53	052	8	55
46	191	13	480	22	086	54	043	9	54
47	205	14	502	22	1,55033	53	035	8	53
48	218	13	525	23	1,54979	54	026	9	52
49	231	13	547	22	926	53	018	8	51
50	54244	13	64569	22	1,54873	53	84009	9	50
	cos 0,		cotg 0,		tang		sin 0,		

	sin 0,	d	tang 0,	d	cotg	d	cos 0,	d	c
50	54244		64569		1,54873		84009		50
51	257	13	591	22	819	54	84001	8	49
52	271	14	614	23	766	53	83992	9	48
53	284	13	636	22	713	53	984	8	47
54	297	13	658	22	659	54	975	9	46
55	310	13	681	23	606	53	967	8	45
56	323	13	703	22	553	53	958	9	44
57	336	13	725	22	500	53	950	8	43
58	350	14	747	22	446	54	941	9	42
59	363	13	770	23	393	53	933	8	41
60	54376	13	64792	22	1,54340	53	83924	9	40
61	389	13	814	22	287	53	916	8	39
62	402	13	837	23	234	53	907	9	38
63	416	14	859	22	181	53	898	9	37
64	429	13	881	22	128	53	890	8	36
65	442	13	904	23	075	53	881	9	35
66	455	13	926	22	1,54022	53	873	8	34
67	468	13	948	22	1,53969	53	864	9	33
68	481	13	971	23	916	53	856	8	32
69	495	14	64993	22	863	53	847	9	31
70	54508	13	65015	22	1,53810	53	83839	8	30
71	521	13	038	23	757	53	830	9	29
72	534	13	060	22	704	53	821	9	28
73	547	13	082	22	652	52	813	8	27
74	560	13	105	23	599	53	804	9	26
75	574	14	127	22	546	53	796	8	25
76	587	13	149	22	493	53	787	9	24
77	600	13	172	23	441	52	779	8	23
78	613	13	194	22	388	53	770	9	22
79	626	13	217	23	335	53	761	9	21
80	54639	13	65239	22	1,53283	52	83753	8	20
81	653	14	261	22	230	53	744	9	19
82	666	13	284	23	178	52	736	8	18
83	679	13	306	22	125	53	727	9	17
84	692	13	329	23	072	53	718	9	16
85	705	13	351	22	1,53020	52	710	8	15
86	718	13	373	22	1,52967	53	701	9	14
87	731	13	396	23	915	52	693	8	13
88	745	14	418	22	863	52	684	9	12
89	758	13	441	23	810	53	675	9	11
90	54771	13	65463	22	1,52758	52	83667	8	10
91	784	13	486	23	705	53	658	9	9
92	797	13	508	22	653	52	650	8	8
93	810	13	530	22	601	52	641	9	7
94	823	13	553	23	549	52	632	9	6
95	837	14	575	22	496	53	624	8	5
96	850	13	598	23	444	52	615	9	4
97	863	13	620	22	392	52	607	8	3
98	876	13	643	23	340	52	598	9	2
99	889	13	665	22	288	52	589	9	1
100	54902	13	65688	23	1,52235	53	83581	8	0
	cos 0,		cotg 0,		tang		sin 0,		c

63^g

	8	9	13	14	22	23	49	50	51	52	
1	0,8	0,9	1,3	1,4	2,2	2,3	4,9	5,0	5,1	5,2	1
2	1,6	1,8	2,6	2,8	4,4	4,6	9,8	10,0	10,2	10,4	2
3	2,4	2,7	3,9	4,2	6,6	6,9	14,7	15,0	15,3	15,6	3
4	3,2	3,6	5,2	5,6	8,8	9,2	19,6	20,0	20,4	20,8	4
5	4,0	4,5	6,5	7,0	11,0	11,5	24,5	25,0	25,5	26,0	5
6	4,8	5,4	7,8	8,4	13,2	13,8	29,4	30,0	30,6	31,2	6
7	5,6	6,3	9,1	9,8	15,4	16,1	34,3	35,0	35,7	36,4	7
8	6,4	7,2	10,4	11,2	17,6	18,4	39,2	40,0	40,8	41,6	8
9	7,2	8,1	11,7	12,6	19,8	20,7	44,1	45,0	45,9	46,8	9

37^g

c	sin 0,	tang 0,	cotg	cos 0,	
0	54902 13	65688 22	1,52235 52	83581 9	100
1	915 14	710 23	183 52	572 9	99
2	929 13	733 22	131 52	563 8	98
3	942 13	755 23	079 52	555 9	97
4	955 13	778 22	1,52027 52	546 8	96
5	968 13	800 23	1,51975 52	538 9	95
6	981 13	823 22	923 52	529 9	94
7	54994 13	845 23	871 52	520 8	93
8	55007 13	868 22	819 52	512 9	92
9	020 14	890 23	767 51	503 9	91
10	55034 13	65913 22	1,51716 52	83494 8	90
11	047 13	935 23	664 52	486 9	89
12	060 13	958 22	612 52	477 9	88
13	073 13	65980 23	560 52	468 8	87
14	086 13	66003 23	508 51	460 9	86
15	099 13	026 22	457 52	451 9	85
16	112 13	048 23	405 52	442 8	84
17	125 13	071 22	353 52	434 9	83
18	138 13	093 23	301 51	425 8	82
19	151 14	116 22	250 52	417 9	81
20	55165 13	66138 23	1,51198 51	83408 9	80
21	178 13	161 23	147 52	399 8	79
22	191 13	184 22	095 52	391 9	78
23	204 13	206 23	1,51043 51	382 9	77
24	217 13	229 22	1,50992 52	373 9	76
25	230 13	251 23	940 51	364 8	75
26	243 13	274 23	889 52	356 9	74
27	256 13	297 22	837 51	347 9	73
28	269 13	319 23	786 51	338 8	72
29	282 14	342 22	735 52	330 9	71
30	55296 13	66364 23	1,50683 51	83321 9	70
31	309 13	387 23	632 51	312 8	69
32	322 13	410 22	581 52	304 9	68
33	335 13	432 23	529 51	295 9	67
34	348 13	455 23	478 51	286 8	66
35	361 13	478 22	427 52	278 9	65
36	374 13	500 23	375 51	269 9	64
37	387 13	523 23	324 51	260 8	63
38	400 13	546 22	273 51	252 9	62
39	413 13	568 23	222 51	243 9	61
40	55426 13	66591 23	1,50171 51	83234 9	60
41	439 13	614 22	120 52	225 8	59
42	452 14	636 23	068 51	217 9	58
43	466 13	659 23	1,50017 51	208 9	57
44	479 13	682 22	1,49966 51	199 8	56
45	492 13	704 23	915 51	191 9	55
46	505 13	727 23	864 51	182 9	54
47	518 13	750 22	813 51	173 9	53
48	531 13	772 23	762 51	164 8	52
49	544 13	795 23	711 50	156 9	51
50	55557	66818	1,49661	83147	50
	cos 0,	cotg 0,	tang	sin 0,	

	sin 0,	tang 0,	cotg	cos 0,	
50	55557 13	66818 23	1,49661 51	83147 9	50
51	570 13	841 22	610 51	138 8	49
52	583 13	863 23	559 51	130 9	48
53	596 13	886 23	508 51	121 9	47
54	609 13	909 23	457 51	112 9	46
55	622 13	932 22	406 50	103 8	45
56	635 13	954 23	356 51	095 9	44
57	648 13	66977 23	305 51	086 9	43
58	661 14	67000 23	254 50	077 9	42
59	675 13	023 22	204 51	068 8	41
60	55688 13	67045 23	1,49153 51	83060 9	40
61	701 13	068 23	102 50	051 9	39
62	714 13	091 23	052 51	042 9	38
63	727 13	114 22	1,49001 51	033 8	37
64	740 13	136 23	1,48950 50	025 9	36
65	753 13	159 23	900 51	016 9	35
66	766 13	182 23	849 50	83007 9	34
67	779 13	205 23	799 51	82998 8	33
68	792 13	228 22	748 50	990 9	32
69	805 13	250 23	698 50	981 9	31
70	55818 13	67273 23	1,48648 51	82972 9	30
71	831 13	296 23	597 50	963 9	29
72	844 13	319 23	547 51	954 8	28
73	857 13	342 23	496 50	946 9	27
74	870 13	365 22	446 50	937 9	26
75	883 13	387 23	396 51	928 9	25
76	896 13	410 23	345 50	919 8	24
77	909 13	433 23	295 50	911 9	23
78	922 13	456 23	245 50	902 9	22
79	935 13	479 23	195 50	893 9	21
80	55948 13	67502 23	1,48145 51	82884 9	20
81	961 13	525 22	094 50	875 8	19
82	974 13	547 23	1,48044 50	867 9	18
83	55987 13	570 23	1,47994 50	858 9	17
84	56000 13	593 23	944 50	849 9	16
85	013 13	616 23	894 50	840 9	15
86	026 13	639 23	844 50	831 8	14
87	039 13	662 23	794 50	823 9	13
88	052 13	685 23	744 50	814 9	12
89	065 13	708 23	694 50	805 9	11
90	56078 13	67731 22	1,47644 50	82796 9	10
91	091 13	753 23	594 50	787 8	9
92	104 13	776 23	544 50	779 9	8
93	117 13	799 23	494 50	770 9	7
94	130 13	822 23	444 50	761 9	6
95	143 13	845 23	394 49	752 9	5
96	156 13	868 23	345 50	743 8	4
97	169 13	891 23	295 50	735 9	3
98	182 13	914 23	245 50	726 9	2
99	195 13	937 23	195 49	717 9	1
100	56208	67960	1,47146	82708	0
	cos 0,	cotg 0,	tang	sin 0,	c

62^g

	8	9	12	13	23	24	47	48	49	50	
1	0,8	0,9	1,2	1,3	2,3	2,4	4,7	4,8	4,9	5,0	1
2	1,6	1,8	2,4	2,6	4,6	4,8	9,4	9,6	9,8	10,0	2
3	2,4	2,7	3,6	3,9	6,9	7,2	14,1	14,4	14,7	15,0	3
4	3,2	3,6	4,8	5,2	9,2	9,6	18,8	19,2	19,6	20,0	4
5	4,0	4,5	6,0	6,5	11,5	12,0	23,5	24,0	24,5	25,0	5
6	4,8	5,4	7,2	7,8	13,8	14,4	28,2	28,8	29,4	30,0	6
7	5,6	6,3	8,4	9,1	16,1	16,8	32,9	33,6	34,3	35,0	7
8	6,4	7,2	9,6	10,4	18,4	19,2	37,6	38,4	39,2	40,0	8
9	7,2	8,1	10,8	11,7	20,7	21,6	42,3	43,2	44,1	45,0	9

38^g

c	sin 0,	d	tang 0,	d	cotg	d	cos 0,	d	
0	56208	13	67960	23	1,47146	50	82708	9	100
1	221	13	67983	23	096	50	699	9	99
2	234	13	68006	23	1,47046	50	690	8	98
3	247	13	029	23	1,46996	49	682	9	97
4	260	13	052	23	947	50	673	9	96
5	273	13	075	23	897	49	664	9	95
6	286	13	098	23	848	50	655	9	94
7	299	13	121	23	798	49	646	9	93
8	312	13	144	23	749	50	637	8	92
9	325	13	167	23	699	50	629	9	91
10	56338	13	68190	23	1,46649	49	82620	9	90
11	351	13	213	23	600	49	611	9	89
12	364	13	236	23	551	50	602	9	88
13	377	13	259	23	501	49	593	9	87
14	390	13	282	23	452	50	584	9	86
15	403	13	305	23	402	49	575	8	85
16	416	13	328	23	353	49	567	9	84
17	429	13	351	23	304	50	558	9	83
18	442	13	374	23	254	49	549	9	82
19	455	13	397	23	205	49	540	9	81
20	56468	13	68420	23	1,46156	50	82531	9	80
21	481	13	443	23	106	49	522	9	79
22	494	13	466	23	057	49	513	9	78
23	507	13	489	23	1,46008	49	504	8	77
24	520	13	512	24	1,45959	49	496	9	76
25	533	13	536	23	910	49	487	9	75
26	546	13	559	23	861	50	478	9	74
27	559	13	582	23	811	49	469	9	73
28	572	13	605	23	762	49	460	9	72
29	585	12	628	23	713	49	451	9	71
30	56597	13	68651	23	1,45664	49	82442	9	70
31	610	13	674	23	615	49	433	9	69
32	623	13	697	23	566	49	424	8	68
33	636	13	720	24	517	49	416	9	67
34	649	13	744	23	468	49	407	9	66
35	662	13	767	23	419	49	398	9	65
36	675	13	790	23	370	48	389	9	64
37	688	13	813	23	322	49	380	9	63
38	701	13	836	23	273	49	371	9	62
39	714	13	859	23	224	49	362	9	61
40	56727	13	68882	24	1,45175	49	82353	9	60
41	740	13	906	23	126	49	344	9	59
42	753	13	929	23	077	48	335	8	58
43	766	13	952	23	1,45029	49	327	9	57
44	779	13	975	23	1,44980	49	318	9	56
45	792	12	68998	23	931	48	309	9	55
46	804	13	69021	24	883	49	300	9	54
47	817	13	045	23	834	49	291	9	53
48	830	13	068	23	785	48	282	9	52
49	843	13	091	23	737	49	273	9	51
50	56856		69114		1,44688		82264		50
	cos 0,		cotg 0,		tang		sin 0,		

c	sin 0,	d	tang 0,	d	cotg	d	cos 0,	d	
50	56856	13	69114	23	1,44688	49	82264	9	50
51	869	13	137	24	639	48	255	9	49
52	882	13	161	23	591	49	246	9	48
53	895	13	184	23	542	48	237	9	47
54	908	13	207	23	494	49	228	9	46
55	921	13	230	24	445	48	219	9	45
56	934	13	254	23	397	49	210	9	44
57	947	13	277	23	348	48	201	8	43
58	960	12	300	23	300	48	193	9	42
59	972	13	323	24	252	49	184	9	41
60	56985	13	69347	23	1,44203	48	82175	9	40
61	56998	13	370	23	155	49	166	9	39
62	57011	13	393	23	106	48	157	9	38
63	024	13	416	24	058	48	148	9	37
64	037	13	440	23	1,44010	48	139	9	36
65	050	13	463	23	1,43962	49	130	9	35
66	063	13	486	24	913	48	121	9	34
67	076	13	510	23	865	48	112	9	33
68	089	12	533	23	817	48	103	9	32
69	101	13	556	23	769	48	094	9	31
70	57114	13	69579	24	1,43721	49	82085	9	30
71	127	13	603	23	672	48	076	9	29
72	140	13	626	23	624	48	067	9	28
73	153	13	649	24	576	48	058	9	27
74	166	13	673	23	528	48	049	9	26
75	179	13	696	23	480	48	040	9	25
76	192	13	719	24	432	48	031	9	24
77	205	12	743	23	384	48	022	9	23
78	217	13	766	24	336	48	013	9	22
79	230	13	790	23	288	48	82004	9	21
80	57243	13	69813	23	1,43240	48	81995	9	20
81	256	13	836	24	192	48	986	9	19
82	269	13	860	23	144	48	977	9	18
83	282	13	883	23	096	48	968	9	17
84	295	13	906	24	048	47	959	9	16
85	308	12	930	23	1,43001	48	950	9	15
86	320	13	953	24	1,42953	48	941	9	14
87	333	13	69977	23	905	48	932	9	13
88	346	13	70000	23	857	48	923	9	12
89	359	13	023	24	809	47	914	9	11
90	57372	13	70047	23	1,42762	48	81905	9	10
91	385	13	070	24	714	48	896	9	9
92	398	13	094	23	666	47	887	9	8
93	411	12	117	23	619	48	878	9	7
94	423	13	140	24	571	48	869	9	6
95	436	13	164	23	523	47	860	9	5
96	449	13	187	24	476	48	851	9	4
97	462	13	211	23	428	47	842	9	3
98	475	13	234	24	381	48	833	9	2
99	488	13	258	23	333	47	824	9	1
100	57501		70281		1,42286		81815		0
	cos 0,		cotg 0,		tang		sin 0,		c

61^g

	9	10	12	13	23	24	45	46	47	48	
1	0,9	1,0	1,2	1,3	2,3	2,4	4,5	4,6	4,7	4,8	1
2	1,8	2,0	2,4	2,6	4,6	4,8	9,0	9,2	9,4	9,6	2
3	2,7	3,0	3,6	3,9	6,9	7,2	13,5	13,8	14,1	14,4	3
4	3,6	4,0	4,8	5,2	9,2	9,6	18,0	18,4	18,8	19,2	4
5	4,5	5,0	6,0	6,5	11,5	12,0	22,5	23,0	23,5	24,0	5
6	5,4	6,0	7,2	7,8	13,8	14,4	27,0	27,6	28,2	28,8	6
7	6,3	7,0	8,4	9,1	16,1	16,8	31,5	32,2	32,9	33,6	7
8	7,2	8,0	9,6	10,4	18,4	19,2	36,0	36,8	37,6	38,4	8
9	8,1	9,0	10,8	11,7	20,7	21,6	40,5	41,4	42,3	43,2	9

39g

c	sin 0,	d	tang 0,	d	cotg	d	cos 0,	d	
0	57501	12	70281	24	1,42286	48	81815	9	100
1	513	13	305	23	238	47	806	9	99
2	526	13	328	24	191	48	797	9	98
3	539	13	352	23	143	47	788	9	97
4	552	13	375	24	096	48	779	9	96
5	565	13	399	23	048	47	770	9	95
6	578	12	422	24	1,42001	47	761	9	94
7	590	13	446	23	1,41954	48	752	9	93
8	603	13	469	24	906	47	743	9	92
9	616	13	493	23	859	47	734	9	91
10	57629	13	70516	24	1,41812	48	81725	10	90
11	642	13	540	23	764	47	715	9	89
12	655	12	563	24	717	47	706	9	88
13	667	13	587	23	670	47	697	9	87
14	680	13	610	24	623	48	688	9	86
15	693	13	634	23	575	47	679	9	85
16	706	13	657	24	528	47	670	9	84
17	719	13	681	23	481	47	661	9	83
18	732	12	704	24	434	47	652	9	82
19	744	13	728	24	387	47	643	9	81
20	57757	13	70752	23	1,41340	47	81634	9	80
21	770	13	775	24	293	47	625	9	79
22	783	13	799	23	246	48	616	9	78
23	796	13	822	24	198	47	607	9	77
24	809	12	846	23	151	47	598	9	76
25	821	13	869	24	104	46	589	10	75
26	834	13	893	24	058	47	579	9	74
27	847	13	917	23	1,41011	47	570	9	73
28	860	13	940	24	1,40964	47	561	9	72
29	873	12	964	24	917	47	552	9	71
30	57885	13	70988	23	1,40870	47	81543	9	70
31	898	13	71011	24	823	47	534	9	69
32	911	13	035	23	776	47	525	9	68
33	924	13	058	24	729	47	516	9	67
34	937	12	082	24	682	46	507	9	66
35	949	13	106	23	636	47	498	9	65
36	962	13	129	24	589	47	489	10	64
37	975	13	153	24	542	47	479	9	63
38	57988	13	177	23	495	46	470	9	62
39	58001	12	200	24	449	47	461	9	61
40	58013	13	71224	24	1,40402	47	81452	9	60
41	026	13	248	23	355	46	443	9	59
42	039	13	271	24	309	47	434	9	58
43	052	13	295	24	262	46	425	9	57
44	065	12	319	23	216	47	416	10	56
45	077	13	342	24	169	47	406	9	55
46	090	13	366	24	122	46	397	9	54
47	103	13	390	24	076	47	388	9	53
48	116	13	414	23	1,40029	46	379	9	52
49	129	12	437	24	1,39983	47	370	9	51
50	58141		71461		1,39936		81361		50
	cos 0,		cotg 0,		tang		sin 0,		

c	sin 0,	d	tang 0,	d	cotg	d	cos 0,	d	
50	58141	13	71461	24	1,39936	46	81361	9	50
51	154	13	485	24	890	47	352	9	49
52	167	13	509	23	843	46	343	10	48
53	180	12	532	24	797	46	333	9	47
54	192	13	556	24	751	47	324	9	46
55	205	13	580	24	704	46	315	9	45
56	218	13	604	23	658	46	306	9	44
57	231	13	627	24	612	47	297	9	43
58	244	12	651	24	565	46	288	9	42
59	256	13	675	24	519	46	279	10	41
60	58269	13	71699	23	1,39473	47	81269	9	40
61	282	13	722	24	426	46	260	9	39
62	295	12	746	24	380	46	251	9	38
63	307	13	770	24	334	46	242	9	37
64	320	13	794	24	288	46	233	9	36
65	333	13	818	23	242	47	224	10	35
66	346	12	841	24	195	46	214	9	34
67	358	13	865	24	149	46	205	9	33
68	371	13	889	24	103	46	196	9	32
69	384	13	913	24	057	46	187	9	31
70	58397	12	71937	24	1,39011	46	81178	9	30
71	409	13	961	23	1,38965	46	169	10	29
72	422	13	71984	24	919	46	159	9	28
73	435	13	72008	24	873	46	150	9	27
74	448	12	032	24	827	46	141	9	26
75	460	13	056	24	781	46	132	9	25
76	473	13	080	24	735	46	123	9	24
77	486	13	104	24	689	46	114	10	23
78	499	12	128	23	643	46	104	9	22
79	511	13	151	24	597	46	095	9	21
80	58524	13	72175	24	1,38551	45	81086	9	20
81	537	13	199	24	506	46	077	9	19
82	550	12	223	24	460	46	068	10	18
83	562	13	247	24	414	46	058	9	17
84	575	13	271	24	368	46	049	9	16
85	588	12	295	24	322	45	040	9	15
86	600	13	319	24	277	46	031	9	14
87	613	13	343	24	231	46	022	10	13
88	626	13	367	24	185	45	012	9	12
89	639	12	391	24	140	46	81003	9	11
90	58651	13	72415	23	1,38094	46	80994	9	10
91	664	13	438	24	048	45	985	10	9
92	677	13	462	24	1,38003	46	975	9	8
93	690	12	486	24	1,37957	46	966	9	7
94	702	13	510	24	911	45	957	9	6
95	715	13	534	24	866	46	948	9	5
96	728	12	558	24	820	45	939	10	4
97	740	13	582	24	775	46	929	9	3
98	753	13	606	24	729	45	920	9	2
99	766	13	630	24	684	46	911	9	1
100	58779		72654		1,37638		80902		0
	cos 0,		cotg 0,		tang		sin 0,		c

60g

38 60
0,67 1,37

	9	10	12	13	24	25	43	44	45	46	
1	0,9	1,0	1,2	1,3	2,4	2,5	4,3	4,4	4,5	4,6	1
2	1,8	2,0	2,4	2,6	4,8	5,0	8,6	8,8	9,0	9,2	2
3	2,7	3,0	3,6	3,9	7,2	7,5	12,9	13,2	13,5	13,8	3
4	3,6	4,0	4,8	5,2	9,6	10,0	17,2	17,6	18,0	18,4	4
5	4,5	5,0	6,0	6,5	12,0	12,5	21,5	22,0	22,5	23,0	5
6	5,4	6,0	7,2	7,8	14,4	15,0	25,8	26,4	27,0	27,6	6
7	6,3	7,0	8,4	9,1	16,8	17,5	30,1	30,8	31,5	32,2	7
8	7,2	8,0	9,6	10,4	19,2	20,0	34,4	35,2	36,0	36,8	8
9	8,1	9,0	10,8	11,7	21,6	22,5	38,7	39,6	40,5	41,4	9

40^g

c	sin 0,	d	tang 0,	d	cotg	d	cos 0,	d	
0	58779	12	72654	24	1,37638	45	80902	10	100
1	791	13	678	24	593	46	892	9	99
2	804	13	702	24	547	45	883	9	98
3	817	12	726	24	502	46	874	9	97
4	829	13	750	24	456	45	865	9	96
5	842	13	774	24	411	45	856	10	95
6	855	12	798	24	366	46	846	9	94
7	867	13	822	24	320	45	837	9	93
8	880	13	846	24	275	45	828	9	92
9	893	13	870	25	230	45	819	10	91
10	58906	12	72895	24	1,37185	46	80809	9	90
11	918	13	919	24	139	45	800	9	89
12	931	13	943	24	094	45	791	9	88
13	944	12	967	24	049	45	782	10	87
14	956	13	72991	24	1,37004	46	772	9	86
15	969	13	73015	24	1,36958	45	763	9	85
16	982	12	039	24	913	45	754	10	84
17	58994	13	063	24	868	45	744	9	83
18	59007	13	087	24	823	45	735	9	82
19	020	12	111	24	778	45	726	9	81
20	59032	13	73135	24	1,36733	45	80717	10	80
21	045	13	159	25	688	45	707	9	79
22	058	12	184	24	643	45	698	9	78
23	070	13	208	24	598	45	689	9	77
24	083	13	232	24	553	45	680	10	76
25	096	12	256	24	508	45	670	9	75
26	108	13	280	24	463	45	661	9	74
27	121	13	304	24	418	45	652	10	73
28	134	12	328	25	373	45	642	9	72
29	146	13	353	24	328	45	633	9	71
30	59159	13	73377	24	1,36283	45	80624	9	70
31	172	12	401	24	238	45	615	10	69
32	184	13	425	24	193	45	605	9	68
33	197	13	449	24	148	44	596	9	67
34	210	12	473	25	104	45	587	10	66
35	222	13	498	24	059	45	577	9	65
36	235	13	522	24	1,36014	45	568	9	64
37	248	12	546	24	1,35969	44	559	10	63
38	260	13	570	24	925	45	549	9	62
39	273	13	594	25	880	45	540	9	61
40	59286	12	73619	24	1,35835	45	80531	10	60
41	298	13	643	24	790	44	521	9	59
42	311	13	667	24	746	45	512	9	58
43	324	12	691	25	701	44	503	9	57
44	336	13	716	24	657	45	494	10	56
45	349	13	740	24	612	45	484	9	55
46	362	12	764	24	567	44	475	9	54
47	374	13	788	25	523	45	466	10	53
48	387	12	813	24	478	44	456	9	52
49	399	13	837	24	434	45	447	9	51
50	59412		73861		1,35389		80438		50
	cos 0,		cotg 0,		tang		sin 0,		

c	sin 0,	d	tang 0,	d	cotg	d	cos 0,	d	
50	59412	13	73861	24	1,35389	44	80438	10	50
51	425	12	885	25	345	45	428	9	49
52	437	13	910	24	300	44	419	9	48
53	450	13	934	24	256	45	410	10	47
54	463	12	958	25	211	44	400	9	46
55	475	13	73983	24	167	44	391	9	45
56	488	13	74007	24	123	45	382	10	44
57	501	12	031	25	078	44	372	9	43
58	513	13	056	24	1,35034	45	363	10	42
59	526	12	080	24	1,34989	44	353	9	41
60	59538	13	74104	25	1,34945	44	80344	9	40
61	551	13	129	24	901	44	335	10	39
62	564	12	153	24	857	45	325	9	38
63	576	13	177	25	812	44	316	9	37
64	589	12	202	24	768	44	307	10	36
65	601	13	226	24	724	44	297	9	35
66	614	13	250	25	680	45	288	9	34
67	627	12	275	24	635	44	279	10	33
68	639	13	299	24	591	44	269	9	32
69	652	13	323	25	547	44	260	9	31
70	59665	12	74348	24	1,34503	44	80251	10	30
71	677	13	372	25	459	44	241	9	29
72	690	12	397	24	415	44	232	10	28
73	702	13	421	24	371	44	222	9	27
74	715	13	445	25	327	44	213	9	26
75	728	12	470	24	283	44	204	10	25
76	740	13	494	25	239	44	194	9	24
77	753	12	519	24	195	44	185	10	23
78	765	13	543	25	151	44	175	9	22
79	778	12	568	24	107	44	166	9	21
80	59790	13	74592	24	1,34063	44	80157	10	20
81	803	13	616	25	1,34019	44	147	9	19
82	816	12	641	24	1,33975	44	138	9	18
83	828	13	665	25	931	44	129	10	17
84	841	12	690	24	887	44	119	9	16
85	853	13	714	25	843	44	110	10	15
86	866	13	739	24	799	44	100	9	14
87	879	12	763	25	755	43	091	9	13
88	891	13	788	24	712	44	082	10	12
89	904	12	812	25	668	44	072	9	11
90	59916	13	74837	24	1,33624	44	80063	10	10
91	929	12	861	25	580	43	053	9	9
92	941	13	886	24	537	44	044	10	8
93	954	13	910	25	493	44	034	9	7
94	967	12	935	24	449	43	025	9	6
95	979	13	959	25	406	44	016	10	5
96	59992	12	74984	24	362	44	80006	9	4
97	60004	13	75008	25	318	43	79997	10	3
98	017	12	033	25	275	44	987	9	2
99	029	13	058	24	231	44	978	10	1
100	60042		75082		1,33187		79968		0
	cos 0,		cotg 0,		tang		sin 0,		c

59^g

	9	10	12	13	24	25	26	41	42	43	44	
1	0,9	1,0	1,2	1,3	2,4	2,5	2,6	4,1	4,2	4,3	4,4	1
2	1,8	2,0	2,4	2,6	4,8	5,0	5,2	8,2	8,4	8,6	8,8	2
3	2,7	3,0	3,6	3,9	7,2	7,5	7,8	12,3	12,6	12,9	13,2	3
4	3,6	4,0	4,8	5,2	9,6	10,0	10,4	16,4	16,8	17,2	17,6	4
5	4,5	5,0	6,0	6,5	12,0	12,5	13,0	20,5	21,0	21,5	22,0	5
6	5,4	6,0	7,2	7,8	14,4	15,0	15,6	24,6	25,2	25,8	26,4	6
7	6,3	7,0	8,4	9,1	16,8	17,5	18,2	28,7	29,4	30,1	30,8	7
8	7,2	8,0	9,6	10,4	19,2	20,0	20,8	32,8	33,6	34,4	35,2	8
9	8,1	9,0	10,8	11,7	21,6	22,5	23,4	36,9	37,8	38,7	39,6	9

41ᵍ

c	sin 0,		tang 0,		cotg		cos 0,		
0	60042	13	75082	25	1,33187	43	79968	9	100
1	055	12	107	24	144	44	959	9	99
2	067	13	131	25	100	43	950	10	98
3	080	12	156	24	057	44	940	9	97
4	092	13	180	25	1,33013	43	931	10	96
5	105	12	205	25	1,32970	44	921	9	95
6	117	13	230	24	926	43	912	10	94
7	130	12	254	25	883	44	902	9	93
8	142	13	279	24	839	43	893	9	92
9	155	13	303	25	796	43	884	10	91
10	60168	12	75328	25	1,32753	44	79874	9	90
11	180	13	353	24	709	43	865	10	89
12	193	12	377	25	666	43	855	9	88
13	205	13	402	25	623	44	846	10	87
14	218	12	427	24	579	43	836	9	86
15	230	13	451	25	536	43	827	10	85
16	243	12	476	25	493	44	817	9	84
17	255	13	501	24	449	43	808	10	83
18	268	12	525	25	406	43	798	9	82
19	280	13	550	25	363	43	789	10	81
20	60293	12	75575	24	1,32320	44	79779	9	80
21	305	13	599	25	276	43	770	10	79
22	318	13	624	25	233	43	760	9	78
23	331	12	649	24	190	43	751	9	77
24	343	13	673	25	147	43	742	10	76
25	356	12	698	25	104	43	732	9	75
26	368	13	723	24	061	43	723	10	74
27	381	12	747	25	1,32018	43	713	9	73
28	393	13	772	25	1,31975	43	704	10	72
29	406	12	797	25	932	44	694	9	71
30	60418	13	75822	24	1,31888	43	79685	10	70
31	431	12	846	25	845	43	675	9	69
32	443	13	871	25	802	43	666	10	68
33	456	12	896	25	759	43	656	9	67
34	468	13	921	24	716	42	647	10	66
35	481	12	945	25	674	43	637	9	65
36	493	13	970	25	631	43	628	10	64
37	506	12	75995	25	588	43	618	9	63
38	518	13	76020	25	545	43	609	10	62
39	531	12	045	24	502	43	599	9	61
40	60543	13	76069	25	1,31459	43	79590	10	60
41	556	12	094	25	416	43	580	9	59
42	568	13	119	25	373	42	571	10	58
43	581	12	144	25	331	43	561	9	57
44	593	13	169	24	288	43	552	10	56
45	606	12	193	25	245	43	542	9	55
46	618	13	218	25	202	42	533	10	54
47	631	12	243	25	160	43	523	10	53
48	643	13	268	25	117	43	513	9	52
49	656	12	293	25	074	43	504	10	51
50	60668		76318		1,31031		79494		50
	cos 0,		cotg 0,		tang		sin 0,		

	sin 0,		tang 0,		cotg		cos 0,		
50	60668	13	76318	24	1,31031	42	79494	9	50
51	681	12	342	25	1,30989	43	485	10	49
52	693	13	367	25	946	43	475	9	48
53	706	12	392	25	903	42	466	10	47
54	718	13	417	25	861	43	456	9	46
55	731	12	442	25	818	42	447	10	45
56	743	13	467	25	776	43	437	9	44
57	756	12	492	25	733	42	428	10	43
58	768	13	517	25	691	43	418	9	42
59	781	12	542	24	648	43	409	10	41
60	60793	13	76566	25	1,30605	42	79399	10	40
61	806	12	591	25	563	42	389	9	39
62	818	12	616	25	521	43	380	10	38
63	830	13	641	25	478	42	370	9	37
64	843	12	666	25	436	43	361	10	36
65	855	13	691	25	393	42	351	9	35
66	868	12	716	25	351	43	342	10	34
67	880	13	741	25	308	42	332	9	33
68	893	12	766	25	266	42	323	10	32
69	905	13	791	25	224	43	313	10	31
70	60918	12	76816	25	1,30181	42	79303	9	30
71	930	13	841	25	139	42	294	10	29
72	943	12	866	25	097	43	284	9	28
73	955	12	891	25	054	42	275	10	27
74	967	13	916	25	1,30012	42	265	9	26
75	980	12	941	25	1,29970	42	256	10	25
76	60992	13	966	25	928	43	246	10	24
77	61005	12	76991	25	885	42	236	9	23
78	017	13	77016	25	843	42	227	10	22
79	030	12	041	25	801	42	217	9	21
80	61042	13	77066	25	1,29759	42	79208	10	20
81	055	12	091	25	717	42	198	10	19
82	067	12	116	25	675	42	188	9	18
83	079	13	141	25	633	43	179	10	17
84	092	12	166	25	590	42	169	9	16
85	104	13	191	25	548	42	160	10	15
86	117	12	216	25	506	42	150	10	14
87	129	13	241	25	464	42	140	9	13
88	142	12	266	26	422	42	131	10	12
89	154	13	292	25	380	42	121	9	11
90	61167	12	77317	25	1,29338	42	79112	10	10
91	179	12	342	25	296	42	102	10	9
92	191	13	367	25	254	42	092	9	8
93	204	12	392	25	212	42	083	10	7
94	216	13	417	25	170	41	073	9	6
95	229	12	442	25	129	42	064	10	5
96	241	12	467	26	087	42	054	10	4
97	253	13	493	25	045	42	044	9	3
98	266	12	518	25	1,29003	42	035	10	2
99	278	13	543	25	1,28961	42	025	9	1
100	61291		77568		1,28919		79016		0
	cos 0,		cotg 0,		tang		sin 0,		c

58ᵍ

40	58
0,72	1,28

	9	10	12	13	25	26	40	41	42	
1	0,9	1,0	1,2	1,3	2,5	2,6	4,0	4,1	4,2	1
2	1,8	2,0	2,4	2,6	5,0	5,2	8,0	8,2	8,4	2
3	2,7	3,0	3,6	3,9	7,5	7,8	12,0	12,3	12,6	3
4	3,6	4,0	4,8	5,2	10,0	10,4	16,0	16,4	16,8	4
5	4,5	5,0	6,0	6,5	12,5	13,0	20,0	20,5	21,0	5
6	5,4	6,0	7,2	7,8	15,0	15,6	24,0	24,6	25,2	6
7	6,3	7,0	8,4	9,1	17,5	18,2	28,0	28,7	29,4	7
8	7,2	8,0	9,6	10,4	20,0	20,8	32,0	32,8	33,6	8
9	8,1	9,0	10,8	11,7	22,5	23,4	36,0	36,9	37,8	9

42g

c	sin 0,	d	tang 0,	d	cotg	d	cos 0,	d	
0	61291	12	77568	25	1,28919	42	79016	10	100
1	303	13	593	25	877	41	79006	10	99
2	316	12	618	25	836	42	78996	9	98
3	328	12	643	26	794	42	987	10	97
4	340	13	669	25	752	42	977	10	96
5	353	12	694	25	710	41	967	9	95
6	365	13	719	25	669	42	958	10	94
7	378	12	744	25	627	42	948	10	93
8	390	12	769	26	585	41	938	9	92
9	402	13	795	25	544	42	929	10	91
10	61415	12	77820	25	1,28502	42	78919	10	90
11	427	13	845	25	460	41	909	9	89
12	440	12	870	26	419	42	900	10	88
13	452	12	896	25	377	42	890	9	87
14	464	13	921	25	335	41	881	10	86
15	477	12	946	25	294	42	871	10	85
16	489	12	971	26	252	41	861	9	84
17	501	13	77997	25	211	42	852	10	83
18	514	12	78022	25	169	41	842	10	82
19	526	13	047	25	128	42	832	9	81
20	61539	12	78072	26	1,28086	41	78823	10	80
21	551	12	098	25	045	42	813	10	79
22	563	13	123	25	1,28003	41	803	9	78
23	576	12	148	26	1,27962	41	794	10	77
24	588	13	174	25	921	42	784	10	76
25	601	12	199	25	879	41	774	9	75
26	613	12	224	25	838	42	765	10	74
27	625	13	249	26	796	41	755	10	73
28	638	12	275	25	755	41	745	10	72
29	650	12	300	25	714	42	735	9	71
30	61662	13	78325	26	1,27672	41	78726	10	70
31	675	12	351	25	631	41	716	10	69
32	687	12	376	26	590	42	706	9	68
33	699	13	402	25	548	41	697	10	67
34	712	12	427	25	507	41	687	10	66
35	724	13	452	26	466	41	677	9	65
36	737	12	478	25	425	41	668	10	64
37	749	12	503	25	384	42	658	10	63
38	761	13	528	26	342	41	648	9	62
39	774	12	554	25	301	41	639	10	61
40	61786	12	78579	26	1,27260	41	78629	10	60
41	798	13	605	25	219	41	619	10	59
42	811	12	630	26	178	41	609	9	58
43	823	12	656	25	137	41	600	10	57
44	835	13	681	25	096	41	590	10	56
45	848	12	706	26	055	42	580	9	55
46	860	12	732	25	1,27013	41	571	10	54
47	872	13	757	26	1,26972	41	561	10	53
48	885	12	783	25	931	41	551	10	52
49	897	12	808	26	890	41	541	9	51
50	61909	13	78834	25	1,26849	41	78532	10	50
51	922	12	859	26	808	41	522	10	49
52	934	12	885	25	767	40	512	9	48
53	946	13	910	26	727	41	503	10	47
54	959	12	936	25	686	41	493	10	46
55	971	12	961	26	645	41	483	10	45
56	983	13	78987	25	604	41	473	9	44
57	61996	12	79012	26	563	41	464	10	43
58	62008	12	038	25	522	41	454	10	42
59	020	13	063	26	481	41	444	10	41
60	62033	12	79089	25	1,26440	40	78434	9	40
61	045	12	114	26	400	41	425	10	39
62	057	13	140	25	359	41	415	10	38
63	070	12	165	26	318	41	405	10	37
64	082	12	191	25	277	41	395	9	36
65	094	13	216	26	236	40	386	10	35
66	107	12	242	26	196	41	376	10	34
67	119	12	268	25	155	41	366	10	33
68	131	12	293	26	114	40	356	9	32
69	143	13	319	25	074	41	347	10	31
70	62156	12	79344	26	1,26033	41	78337	10	30
71	168	12	370	26	1,25992	40	327	10	29
72	180	13	396	25	952	41	317	9	28
73	193	12	421	26	911	41	308	10	27
74	205	12	447	25	870	40	298	10	26
75	217	13	472	26	830	41	288	10	25
76	230	12	498	26	789	40	278	10	24
77	242	12	524	25	749	41	268	9	23
78	254	12	549	26	708	40	259	10	22
79	266	13	575	26	668	41	249	10	21
80	62279	12	79601	25	1,25627	40	78239	10	20
81	291	12	626	26	587	41	229	9	19
82	303	13	652	26	546	40	220	10	18
83	316	12	678	25	506	41	210	10	17
84	328	12	703	26	465	40	200	10	16
85	340	12	729	26	425	41	190	10	15
86	352	13	755	25	384	40	180	9	14
87	365	12	780	26	344	40	171	10	13
88	377	12	806	26	304	41	161	10	12
89	389	13	832	26	263	40	151	10	11
90	62402	12	79858	25	1,25223	40	78141	10	10
91	414	12	883	26	183	41	131	9	9
92	426	12	909	26	142	40	122	10	8
93	438	13	935	25	102	40	112	10	7
94	451	12	960	26	062	40	102	10	6
95	463	12	79986	26	1,25022	41	092	10	5
96	475	12	80012	26	1,24981	40	082	10	4
97	487	13	038	26	941	40	072	9	3
98	500	12	064	25	901	40	063	10	2
99	512	12	089	26	861	41	053	10	1
100	62524		80115		1,24820		78043		0
	cos 0,		cotg 0,		tang		sin 0,		c

57g

	9	10	12	13	25	26	27	38	39	40	41	
1	0,9	1,0	1,2	1,3	2,5	2,6	2,7	3,8	3,9	4,0	4,1	1
2	1,8	2,0	2,4	2,6	5,0	5,2	5,4	7,6	7,8	8,0	8,2	2
3	2,7	3,0	3,6	3,9	7,5	7,8	8,1	11,4	11,7	12,0	12,3	3
4	3,6	4,0	4,8	5,2	10,0	10,4	10,8	15,2	15,6	16,0	16,4	4
5	4,5	5,0	6,0	6,5	12,5	13,0	13,5	19,0	19,5	20,0	20,5	5
6	5,4	6,0	7,2	7,8	15,0	15,6	16,2	22,8	23,4	24,0	24,6	6
7	6,3	7,0	8,4	9,1	17,5	18,2	18,9	26,6	27,3	28,0	28,7	7
8	7,2	8,0	9,6	10,4	20,0	20,8	21,6	30,4	31,2	32,0	32,8	8
9	8,1	9,0	10,8	11,7	22,5	23,4	24,3	34,2	35,1	36,0	36,9	9

43g

c	sin 0,	d	tang 0,	d	cotg	d	cos 0,	d	
0	62524	13	80115	26	1,24820	40	78043	10	100
1	537	12	141	26	780	40	033	10	99
2	549	12	167	26	740	40	023	9	98
3	561	12	193	25	700	40	014	10	97
4	573	13	218	26	660	40	78004	10	96
5	586	12	244	26	620	40	77994	10	95
6	598	12	270	26	580	40	984	10	94
7	610	12	296	26	540	41	974	10	93
8	622	13	322	25	499	40	964	9	92
9	635	12	347	26	459	40	955	10	91
10	62647	12	80373	26	1,24419	40	77945	10	90
11	659	12	399	26	379	40	935	10	89
12	671	13	425	26	339	40	925	10	88
13	684	12	451	26	299	40	915	10	87
14	696	12	477	26	259	40	905	9	86
15	708	12	503	26	219	39	896	10	85
16	720	12	529	25	180	40	886	10	84
17	732	13	554	26	140	40	876	10	83
18	745	12	580	26	100	40	866	10	82
19	757	12	606	26	060	40	856	10	81
20	62769	12	80632	26	1,24020	40	77846	10	80
21	781	13	658	26	1,23980	40	836	9	79
22	794	12	684	26	940	40	827	10	78
23	806	12	710	26	900	39	817	10	77
24	818	12	736	26	861	40	807	10	76
25	830	12	762	26	821	40	797	10	75
26	842	13	788	26	781	40	787	10	74
27	855	12	814	26	741	40	777	10	73
28	867	12	840	26	701	39	767	10	72
29	879	12	866	26	662	40	757	9	71
30	62891	13	80892	26	1,23622	40	77748	10	70
31	904	12	918	26	582	39	738	10	69
32	916	12	944	26	543	40	728	10	68
33	928	12	970	26	503	40	718	10	67
34	940	12	80996	26	463	39	708	10	66
35	952	13	81022	26	424	40	698	10	65
36	965	12	048	26	384	40	688	10	64
37	977	12	074	26	344	39	678	10	63
38	62989	12	100	26	305	40	668	9	62
39	63001	12	126	26	265	39	659	10	61
40	63013	13	81152	26	1,23226	40	77649	10	60
41	026	12	178	26	186	39	639	10	59
42	038	12	204	26	147	40	629	10	58
43	050	12	230	26	107	39	619	10	57
44	062	12	256	26	068	40	609	10	56
45	074	13	282	26	1,23028	39	599	10	55
46	087	12	308	26	1,22989	40	589	10	54
47	099	12	334	27	949	39	579	10	53
48	111	12	361	26	910	40	569	10	52
49	123	12	387	26	870	39	559	9	51
50	63135		81413		1,22831		77550		50
	cos 0,		cotg 0,		tang		sin 0,		

	sin 0,	d	tang 0,	d	cotg	d	cos 0,	d	
50	63135	12	81413	26	1,22831	40	77550	10	50
51	147	13	439	26	791	39	540	10	49
52	160	12	465	26	752	39	530	10	48
53	172	12	491	26	713	40	520	10	47
54	184	12	517	26	673	39	510	10	46
55	196	12	543	27	634	39	500	10	45
56	208	13	570	26	595	40	490	10	44
57	221	12	596	26	555	39	480	10	43
58	233	12	622	26	516	39	470	10	42
59	245	12	648	26	477	40	460	10	41
60	63257	12	81674	27	1,22437	39	77450	10	40
61	269	12	701	26	398	39	440	10	39
62	281	13	727	26	359	39	430	10	38
63	294	12	753	26	320	39	420	9	37
64	306	12	779	26	281	40	411	10	36
65	318	12	805	27	241	39	401	10	35
66	330	12	832	26	202	39	391	10	34
67	342	12	858	26	163	39	381	10	33
68	354	12	884	26	124	39	371	10	32
69	366	13	910	27	085	39	361	10	31
70	63379	12	81937	26	1,22046	39	77351	10	30
71	391	12	963	26	1,22007	39	341	10	29
72	403	12	81989	26	1,21968	40	331	10	28
73	415	12	82015	27	928	39	321	10	27
74	427	12	042	26	889	39	311	10	26
75	439	12	068	26	850	39	301	10	25
76	451	13	094	26	811	39	291	10	24
77	464	12	120	27	772	39	281	10	23
78	476	12	147	26	733	39	271	10	22
79	488	12	173	26	694	39	261	10	21
80	63500	12	82199	27	1,21655	39	77251	10	20
81	512	12	226	26	616	38	241	10	19
82	524	12	252	26	578	39	231	10	18
83	536	13	278	27	539	39	221	10	17
84	549	12	305	26	500	39	211	10	16
85	561	12	331	26	461	39	201	10	15
86	573	12	357	27	422	39	191	10	14
87	585	12	384	26	383	39	181	10	13
88	597	12	410	27	344	39	171	10	12
89	609	12	437	26	305	38	161	10	11
90	63621	12	82463	26	1,21267	39	77151	10	10
91	633	13	489	27	228	39	141	10	9
92	646	12	516	26	189	39	131	10	8
93	658	12	542	27	150	39	121	10	7
94	670	12	569	26	111	38	111	10	6
95	682	12	595	26	073	39	101	10	5
96	694	12	621	27	1,21034	39	091	10	4
97	706	12	648	26	1,20995	38	081	10	3
98	718	12	674	27	957	39	071	10	2
99	730	12	701	26	918	39	061	10	1
100	63742		82727		1,20879		77051		0
	cos 0,		cotg 0,		tang		sin 0,		c

56g

42	56
0,77	1,20

	10	11	12	13	26	27	28	37	38	39	
1	1,0	1,1	1,2	1,3	2,6	2,7	2,8	3,7	3,8	3,9	1
2	2,0	2,2	2,4	2,6	5,2	5,4	5,6	7,4	7,6	7,8	2
3	3,0	3,3	3,6	3,9	7,8	8,1	8,4	11,1	11,4	11,7	3
4	4,0	4,4	4,8	5,2	10,4	10,8	11,2	14,8	15,2	15,6	4
5	5,0	5,5	6,0	6,5	13,0	13,5	14,0	18,5	19,0	19,5	5
6	6,0	6,6	7,2	7,8	15,6	16,2	16,8	22,2	22,8	23,4	6
7	7,0	7,7	8,4	9,1	18,2	18,9	19,6	25,9	26,6	27,3	7
8	8,0	8,8	9,6	10,4	20,8	21,6	22,4	29,6	30,4	31,2	8
9	9,0	9,9	10,8	11,7	23,4	24,3	25,2	33,3	34,2	35,1	9

44g

c	sin 0,	tang 0,	cotg	cos 0,	
0	63742 (13)	82727 (27)	1,20879 (38)	77051 (10)	100
1	755 (12)	754 (26)	841 (39)	041 (10)	99
2	767 (12)	780 (27)	802 (39)	031 (10)	98
3	779 (12)	807 (26)	763 (38)	021 (10)	97
4	791 (12)	833 (27)	725 (39)	011 (10)	96
5	803 (12)	860 (26)	686 (38)	77001 (10)	95
6	815 (12)	886 (27)	648 (39)	76991 (10)	94
7	827 (12)	913 (26)	609 (39)	981 (10)	93
8	839 (12)	939 (27)	570 (38)	971 (10)	92
9	851 (12)	966 (26)	532 (39)	961 (10)	91
10	63863 (12)	82992 (27)	1,20493 (38)	76951 (10)	90
11	875 (13)	83019 (26)	455 (39)	941 (10)	89
12	888 (12)	045 (27)	416 (38)	931 (10)	88
13	900 (12)	072 (26)	378 (39)	921 (10)	87
14	912 (12)	098 (27)	339 (38)	911 (10)	86
15	924 (12)	125 (26)	301 (38)	901 (10)	85
16	936 (12)	151 (27)	263 (39)	891 (10)	84
17	948 (12)	178 (27)	224 (38)	881 (10)	83
18	960 (12)	205 (26)	186 (39)	871 (10)	82
19	972 (12)	231 (27)	147 (38)	861 (10)	81
20	63984 (12)	83258 (26)	1,20109 (38)	76851 (10)	80
21	63996 (12)	284 (27)	071 (39)	841 (10)	79
22	64008 (12)	311 (27)	1,20032 (38)	831 (10)	78
23	020 (12)	338 (26)	1,19994 (38)	821 (11)	77
24	032 (12)	364 (27)	956 (39)	810 (10)	76
25	044 (13)	391 (26)	917 (38)	800 (10)	75
26	057 (12)	417 (27)	879 (38)	790 (10)	74
27	069 (12)	444 (27)	841 (39)	780 (10)	73
28	081 (12)	471 (26)	802 (38)	770 (10)	72
29	093 (12)	497 (27)	764 (38)	760 (10)	71
30	64105 (12)	83524 (27)	1,19726 (38)	76750 (10)	70
31	117 (12)	551 (26)	688 (38)	740 (10)	69
32	129 (12)	577 (27)	650 (39)	730 (10)	68
33	141 (12)	604 (27)	611 (38)	720 (10)	67
34	153 (12)	631 (26)	573 (38)	710 (10)	66
35	165 (12)	657 (27)	535 (38)	700 (10)	65
36	177 (12)	684 (27)	497 (38)	690 (10)	64
37	189 (12)	711 (27)	459 (38)	680 (11)	63
38	201 (12)	738 (26)	421 (38)	669 (10)	62
39	213 (12)	764 (27)	383 (39)	659 (10)	61
40	64225 (12)	83791 (27)	1,19344 (38)	76649 (10)	60
41	237 (12)	818 (27)	306 (38)	639 (10)	59
42	249 (12)	845 (26)	268 (38)	629 (10)	58
43	261 (12)	871 (27)	230 (38)	619 (10)	57
44	273 (12)	898 (27)	192 (38)	609 (10)	56
45	285 (12)	925 (27)	154 (38)	599 (10)	55
46	297 (13)	952 (26)	116 (38)	589 (10)	54
47	310 (12)	83978 (27)	078 (38)	579 (10)	53
48	322 (12)	84005 (27)	040 (38)	569 (11)	52
49	334 (12)	032 (27)	1,19002 (38)	558 (10)	51
50	64346	84059	1,18964	76548	50
	cos 0,	cotg 0,	tang	sin 0,	

	sin 0,	tang 0,	cotg	cos 0,	
50	64346 (12)	84059 (27)	1,18964 (38)	76548 (10)	50
51	358 (12)	086 (26)	926 (37)	538 (10)	49
52	370 (12)	112 (27)	889 (38)	528 (10)	48
53	382 (12)	139 (27)	851 (38)	518 (10)	47
54	394 (12)	166 (27)	813 (38)	508 (10)	46
55	406 (12)	193 (27)	775 (38)	498 (10)	45
56	418 (12)	220 (27)	737 (38)	488 (10)	44
57	430 (12)	247 (26)	699 (38)	478 (11)	43
58	442 (12)	273 (27)	661 (38)	467 (10)	42
59	454 (12)	300 (27)	623 (37)	457 (10)	41
60	64466 (12)	84327 (27)	1,18586 (38)	76447 (10)	40
61	478 (12)	354 (27)	548 (38)	437 (10)	39
62	490 (12)	381 (27)	510 (38)	427 (10)	38
63	502 (12)	408 (27)	472 (37)	417 (10)	37
64	514 (12)	435 (27)	435 (38)	407 (11)	36
65	526 (12)	462 (27)	397 (38)	396 (10)	35
66	538 (12)	489 (27)	359 (38)	386 (10)	34
67	550 (12)	516 (26)	321 (37)	376 (10)	33
68	562 (12)	542 (27)	284 (38)	366 (10)	32
69	574 (12)	569 (27)	246 (38)	356 (10)	31
70	64586 (12)	84596 (27)	1,18208 (37)	76346 (10)	30
71	598 (12)	623 (27)	171 (38)	336 (10)	29
72	610 (12)	650 (27)	133 (37)	326 (11)	28
73	622 (12)	677 (27)	096 (38)	315 (10)	27
74	634 (12)	704 (27)	058 (38)	305 (10)	26
75	646 (12)	731 (27)	1,18020 (37)	295 (10)	25
76	658 (12)	758 (27)	1,17983 (38)	285 (10)	24
77	670 (12)	785 (27)	945 (37)	275 (10)	23
78	682 (12)	812 (27)	908 (38)	265 (11)	22
79	694 (12)	839 (27)	870 (37)	254 (10)	21
80	64706 (12)	84866 (27)	1,17833 (38)	76244 (10)	20
81	718 (12)	893 (27)	795 (37)	234 (10)	19
82	730 (12)	920 (27)	758 (38)	224 (10)	18
83	742 (11)	947 (27)	720 (37)	214 (10)	17
84	753 (12)	84974 (27)	683 (38)	204 (11)	16
85	765 (12)	85001 (27)	645 (37)	193 (10)	15
86	777 (12)	028 (28)	608 (38)	183 (10)	14
87	789 (12)	056 (27)	570 (37)	173 (10)	13
88	801 (12)	083 (27)	533 (38)	163 (10)	12
89	813 (12)	110 (27)	495 (37)	153 (10)	11
90	64825 (12)	85137 (27)	1,17458 (37)	76143 (11)	10
91	837 (12)	164 (27)	421 (38)	132 (10)	9
92	849 (12)	191 (27)	383 (37)	122 (10)	8
93	861 (12)	218 (27)	346 (37)	112 (10)	7
94	873 (12)	245 (27)	309 (38)	102 (10)	6
95	885 (12)	272 (27)	271 (37)	092 (11)	5
96	897 (12)	299 (28)	234 (37)	081 (10)	4
97	909 (12)	327 (27)	197 (38)	071 (10)	3
98	921 (12)	354 (27)	159 (37)	061 (10)	2
99	933 (12)	381 (27)	122 (37)	051 (10)	1
100	64945	85408	1,17085	76041	0
	cos 0,	cotg 0,	tang	sin 0,	c

55g

	10	11	12	27	28	35	36	37	38	
1	1,0	1,1	1,2	2,7	2,8	3,5	3,6	3,7	3,8	1
2	2,0	2,2	2,4	5,4	5,6	7,0	7,2	7,4	7,6	2
3	3,0	3,3	3,6	8,1	8,4	10,5	10,8	11,1	11,4	3
4	4,0	4,4	4,8	10,8	11,2	14,0	14,4	14,8	15,2	4
5	5,0	5,5	6,0	13,5	14,0	17,5	18,0	18,5	19,0	5
6	6,0	6,6	7,2	16,2	16,8	21,0	21,6	22,2	22,8	6
7	7,0	7,7	8,4	18,9	19,6	24,5	25,2	25,9	26,6	7
8	8,0	8,8	9,6	21,6	22,4	28,0	28,8	29,6	30,4	8
9	9,0	9,9	10,8	24,3	25,2	31,5	32,4	33,3	34,2	9

45^g

c	sin 0,	tang 0,	cotg	cos 0,		c	sin 0,	tang 0,	cotg	cos 0,	
0	64945 12	85408 27	1,17085 37	76041 11	100	50	65540 12	86776 27	1,15240 37	75528 10	50
1	957 12	435 27	048 37	030 10	99	51	552 12	803 28	203 36	518 10	49
2	969 12	462 28	1,17011 38	020 10	98	52	564 12	831 27	167 37	508 11	48
3	981 12	490 27	1,16973 37	010 10	97	53	576 11	858 28	130 36	497 10	47
4	64993 12	517 27	936 37	76000 10	96	54	587 12	886 27	094 37	487 10	46
5	65005 11	544 27	899 37	75990 11	95	55	599 12	913 28	057 36	477 11	45
6	016 12	571 27	862 37	979 10	94	56	611 12	941 28	1,15021 37	466 10	44
7	028 12	598 28	825 38	969 10	93	57	623 12	969 27	1,14984 36	456 10	43
8	040 12	626 27	787 37	959 10	92	58	635 12	86996 28	948 37	446 11	42
9	052 12	653 27	750 37	949 11	91	59	647 12	87024 27	911 36	435 10	41
10	65064 12	85680 27	1,16713 37	75938 10	90	60	65659 11	87051 28	1,14875 37	75425 10	40
11	076 12	707 28	676 37	928 10	89	61	670 12	079 28	838 36	415 10	39
12	088 12	735 27	639 37	918 10	88	62	682 12	107 27	802 36	405 11	38
13	100 12	762 27	602 37	908 10	87	63	694 12	134 28	766 37	394 10	37
14	112 12	789 27	565 37	898 11	86	64	706 12	162 27	729 36	384 10	36
15	124 12	816 28	528 37	887 10	85	65	718 12	189 28	693 37	374 11	35
16	136 12	844 27	491 37	877 10	84	66	730 11	217 28	656 36	363 10	34
17	148 12	871 27	454 37	867 10	83	67	741 12	245 27	620 36	353 10	33
18	160 11	898 28	417 37	857 11	82	68	753 12	272 28	584 37	343 11	32
19	171 12	926 27	380 37	846 10	81	69	765 12	300 28	547 36	332 10	31
20	65183 12	85953 27	1,16343 37	75836 10	80	70	65777 12	87328 27	1,14511 36	75322 10	30
21	195 12	85980 27	306 37	826 10	79	71	789 12	355 28	475 37	312 11	29
22	207 12	86007 28	269 37	816 11	78	72	801 11	383 28	438 36	301 10	28
23	219 12	035 27	232 37	805 10	77	73	812 12	411 28	402 36	291 10	27
24	231 12	062 28	195 37	795 10	76	74	824 12	439 27	366 36	281 11	26
25	243 12	090 27	158 37	785 10	75	75	836 12	466 28	330 37	270 10	25
26	255 12	117 27	121 37	775 11	74	76	848 12	494 28	293 36	260 10	24
27	267 12	144 28	084 36	764 10	73	77	860 12	522 28	257 36	250 11	23
28	279 12	172 27	048 37	754 10	72	78	872 11	550 27	221 36	239 10	22
29	291 11	199 27	1,16011 37	744 10	71	79	883 12	577 28	185 36	229 11	21
30	65302 12	86226 28	1,15974 37	75734 11	70	80	65895 12	87605 28	1,14149 37	75218 10	20
31	314 12	254 27	937 37	723 10	69	81	907 12	633 28	112 36	208 10	19
32	326 12	281 28	900 37	713 10	68	82	919 12	661 27	076 36	198 11	18
33	338 12	309 27	863 36	703 10	67	83	931 11	688 28	040 36	187 10	17
34	350 12	336 27	827 37	693 11	66	84	942 12	716 28	1,14004 36	177 10	16
35	362 12	363 28	790 37	682 10	65	85	954 12	744 28	1,13968 36	167 11	15
36	374 12	391 27	753 37	672 10	64	86	966 12	772 28	932 36	156 10	14
37	386 12	418 28	716 36	662 10	63	87	978 12	800 27	896 36	146 10	13
38	398 11	446 27	680 37	652 11	62	88	65990 11	827 28	860 36	136 11	12
39	409 12	473 28	643 37	641 10	61	89	66001 12	855 28	824 36	125 10	11
40	65421 12	86501 27	1,15606 37	75631 10	60	90	66013 12	87883 28	1,13788 36	75115 10	10
41	433 12	528 28	569 36	621 11	59	91	025 12	911 28	752 37	105 11	9
42	445 12	556 27	533 37	610 10	58	92	037 12	939 28	715 36	094 10	8
43	457 12	583 27	496 37	600 10	57	93	049 11	967 27	679 36	084 11	7
44	469 12	610 28	459 36	590 10	56	94	060 12	87994 28	643 36	073 10	6
45	481 12	638 27	423 37	580 11	55	95	072 12	88022 28	607 35	063 10	5
46	493 11	665 28	386 36	569 10	54	96	084 12	050 28	572 36	053 11	4
47	504 12	693 28	350 37	559 10	53	97	096 12	078 28	536 36	042 10	3
48	516 12	721 27	313 37	549 11	52	98	108 11	106 28	500 36	032 11	2
49	528 12	748 28	276 36	538 10	51	99	119 12	134 28	464 36	021 10	1
50	65540	86776	1,15240	75528	50	100	66131	88162	1,13428	75011	0
	cos 0,	cotg 0,	tang	sin 0,			cos 0,	cotg 0,	tang	sin 0,	c

54^g

44	54
0,82	1,13

	10	11	12	27	28	29	34	35	36	
1	1,0	1,1	1,2	2,7	2,8	2,9	3,4	3,5	3,6	1
2	2,0	2,2	2,4	5,4	5,6	5,8	6,8	7,0	7,2	2
3	3,0	3,3	3,6	8,1	8,4	8,7	10,2	10,5	10,8	3
4	4,0	4,4	4,8	10,8	11,2	11,6	13,6	14,0	14,4	4
5	5,0	5,5	6,0	13,5	14,0	14,5	17,0	17,5	18,0	5
6	6,0	6,6	7,2	16,2	16,8	17,4	20,4	21,0	21,6	6
7	7,0	7,7	8,4	18,9	19,6	20,3	23,8	24,5	25,2	7
8	8,0	8,8	9,6	21,6	22,4	23,2	27,2	28,0	28,8	8
9	9,0	9,9	10,8	24,3	25,2	26,1	30,6	31,5	32,4	9

46ᵍ

c	sin 0,	tang 0,	cotg	cos 0,	
0	66131	88162	1,13428	75011	100
1	143	190	392	75001	99
2	155	218	356	74990	98
3	167	246	320	980	97
4	178	274	284	970	96
5	190	302	248	959	95
6	202	330	212	949	94
7	214	357	177	938	93
8	225	385	141	928	92
9	237	413	105	918	91
10	66249	88441	1,13069	74907	90
11	261	469	1,13033	897	89
12	272	497	1,12998	886	88
13	284	525	962	876	87
14	296	553	926	865	86
15	308	581	890	855	85
16	320	610	855	845	84
17	331	638	819	834	83
18	343	666	783	824	82
19	355	694	748	813	81
20	66367	88722	1,12712	74803	80
21	378	750	676	793	79
22	390	778	641	782	78
23	402	806	605	772	77
24	414	834	569	761	76
25	425	862	534	751	75
26	437	890	498	740	74
27	449	918	463	730	73
28	460	947	427	720	72
29	472	88975	391	709	71
30	66484	89003	1,12356	74699	70
31	496	031	320	688	69
32	507	059	285	678	68
33	519	087	249	667	67
34	531	116	214	657	66
35	543	144	178	646	65
36	554	172	143	636	64
37	566	200	107	625	63
38	578	228	072	615	62
39	589	257	037	605	61
40	66601	89285	1,12001	74594	60
41	613	313	1,11966	584	59
42	625	341	930	573	58
43	636	369	895	563	57
44	648	398	860	552	56
45	660	426	824	542	55
46	671	454	789	531	54
47	683	483	754	521	53
48	695	511	718	510	52
49	707	539	683	500	51
50	66718	89567	1,11648	74489	50
	cos 0,	cotg 0,	tang	sin 0,	

	sin 0,	tang 0,	cotg	cos 0,	
50	66718	89567	1,11648	74489	50
51	730	596	612	479	49
52	742	624	577	468	48
53	753	652	542	458	47
54	765	681	507	447	46
55	777	709	471	437	45
56	788	737	436	426	44
57	800	766	401	416	43
58	812	794	366	406	42
59	824	823	331	395	41
60	66835	89851	1,11295	74385	40
61	847	879	260	374	39
62	859	908	225	364	38
63	870	936	190	353	37
64	882	965	155	343	36
65	894	89993	120	332	35
66	905	90021	085	321	34
67	917	050	050	311	33
68	929	078	1,11014	300	32
69	940	107	1,10979	290	31
70	66952	90135	1,10944	74279	30
71	964	164	909	269	29
72	975	192	874	258	28
73	987	221	839	248	27
74	66999	249	804	237	26
75	67010	278	769	227	25
76	022	306	734	216	24
77	034	335	699	206	23
78	045	363	664	195	22
79	057	392	629	185	21
80	67069	90420	1,10595	74174	20
81	080	449	560	164	19
82	092	477	525	153	18
83	104	506	490	143	17
84	115	535	455	132	16
85	127	563	420	121	15
86	138	592	385	111	14
87	150	620	350	100	13
88	162	649	316	090	12
89	173	678	281	079	11
90	67185	90706	1,10246	74069	10
91	197	735	211	058	9
92	208	764	176	048	8
93	220	792	142	037	7
94	232	821	107	027	6
95	243	850	072	016	5
96	255	878	037	74005	4
97	266	907	1,10003	73995	3
98	278	936	1,09968	984	2
99	290	964	933	974	1
100	67301	90993	1,09899	73963	0
	cos 0,	cotg 0,	tang	sin 0,	c

53ᵍ

	10	11	12	28	29	30	33	34	35	
1	1,0	1,1	1,2	2,8	2,9	3,0	3,3	3,4	3,5	1
2	2,0	2,2	2,4	5,6	5,8	6,0	6,6	6,8	7,0	2
3	3,0	3,3	3,6	8,4	8,7	9,0	9,9	10,2	10,5	3
4	4,0	4,4	4,8	11,2	11,6	12,0	13,2	13,6	14,0	4
5	5,0	5,5	6,0	14,0	14,5	15,0	16,5	17,0	17,5	5
6	6,0	6,6	7,2	16,8	17,4	18,0	19,8	20,4	21,0	6
7	7,0	7,7	8,4	19,6	20,3	21,0	23,1	23,8	24,5	7
8	8,0	8,8	9,6	22,4	23,2	24,0	26,4	27,2	28,0	8
9	9,0	9,9	10,8	25,2	26,1	27,0	29,7	30,6	31,5	9

47^g

c	sin 0,	d	tang 0,	d	cotg	d	cos 0,	d	
0	67301	12	90993	29	1,09899	35	73963	10	100
1	313	11	91022	28	864	35	953	11	99
2	324	12	050	29	829	34	942	11	98
3	336	12	079	29	795	35	931	10	97
4	348	11	108	29	760	35	921	11	96
5	359	12	137	28	725	34	910	10	95
6	371	12	165	29	691	35	900	11	94
7	383	11	194	29	656	34	889	11	93
8	394	12	223	29	622	35	878	10	92
9	406	11	252	29	587	35	868	11	91
10	67417	12	91281	28	1,09552	34	73857	10	90
11	429	12	309	29	518	35	847	11	89
12	441	11	338	29	483	34	836	10	88
13	452	12	367	29	449	35	826	11	87
14	464	11	396	29	414	34	815	11	86
15	475	12	425	28	380	35	804	10	85
16	487	12	453	29	345	34	794	11	84
17	499	11	482	29	311	35	783	10	83
18	510	12	511	29	276	34	773	11	82
19	522	11	540	29	242	35	762	11	81
20	67533	12	91569	29	1,09207	34	73751	10	80
21	545	11	598	29	173	35	741	11	79
22	556	12	627	29	138	34	730	11	78
23	568	12	656	29	104	34	719	10	77
24	580	11	685	28	070	35	709	11	76
25	591	12	713	29	035	34	698	10	75
26	603	11	742	29	1,09001	34	688	11	74
27	614	12	771	29	1,08967	35	677	11	73
28	626	11	800	29	932	34	666	10	72
29	637	12	829	29	898	34	656	11	71
30	67649	12	91858	29	1,08864	35	73645	10	70
31	661	11	887	29	829	34	635	11	69
32	672	12	916	29	795	34	624	11	68
33	684	11	945	29	761	35	613	10	67
34	695	12	91974	29	726	34	603	11	66
35	707	11	92003	29	692	34	592	11	65
36	718	12	032	29	658	34	581	10	64
37	730	12	061	29	624	35	571	11	63
38	742	11	090	29	589	34	560	11	62
39	753	12	119	29	555	34	549	10	61
40	67765	11	92148	29	1,08521	34	73539	11	60
41	776	12	177	29	487	35	528	11	59
42	788	11	206	29	452	34	517	10	58
43	799	12	235	29	418	34	507	11	57
44	811	11	264	30	384	34	496	10	56
45	822	12	294	29	350	34	486	11	55
46	834	11	323	29	316	34	475	11	54
47	845	12	352	29	282	34	464	10	53
48	857	12	381	29	248	35	454	11	52
49	869	11	410	29	213	34	443	11	51
50	67880		92439		1,08179		73432		50
	cos 0,		cotg 0,		tang		sin 0,		

c	sin 0,	d	tang 0,	d	cotg	d	cos 0,	d	
50	67880	12	92439	29	1,08179	34	73432	10	50
51	892	11	468	29	145	34	422	11	49
52	903	12	497	29	111	34	411	11	48
53	915	11	526	30	077	34	400	10	47
54	926	12	556	29	043	34	390	11	46
55	938	11	585	29	1,08009	34	379	11	45
56	949	12	614	29	1,07975	34	368	10	44
57	961	11	643	29	941	34	358	11	43
58	972	12	672	30	907	34	347	11	42
59	984	11	702	29	873	34	336	10	41
60	67995	12	92731	29	1,07839	34	73326	11	40
61	68007	11	760	29	805	34	315	11	39
62	018	12	789	29	771	34	304	11	38
63	030	11	818	30	737	34	293	10	37
64	041	12	848	29	703	34	283	11	36
65	053	11	877	29	669	34	272	11	35
66	064	12	906	29	635	33	261	10	34
67	076	11	935	30	602	34	251	11	33
68	087	12	965	29	568	34	240	11	32
69	099	11	92994	29	534	34	229	10	31
70	68110	12	93023	30	1,07500	34	73219	11	30
71	122	11	053	29	466	34	208	11	29
72	133	12	082	29	432	34	197	10	28
73	145	11	111	30	398	33	187	11	27
74	156	12	141	29	365	34	176	11	26
75	168	11	170	29	331	34	165	11	25
76	179	12	199	30	297	34	154	10	24
77	191	11	229	29	263	34	144	11	23
78	202	12	258	29	229	33	133	11	22
79	214	11	287	30	196	34	122	10	21
80	68225	12	93317	29	1,07162	34	73112	11	20
81	237	11	346	30	128	34	101	11	19
82	248	12	376	29	094	33	090	11	18
83	260	11	405	29	061	34	079	10	17
84	271	12	434	30	1,07027	34	069	11	16
85	283	11	464	29	1,06993	33	058	11	15
86	294	12	493	30	960	34	047	11	14
87	306	11	523	29	926	34	036	10	13
88	317	12	552	30	892	33	026	11	12
89	329	11	582	29	859	34	015	11	11
90	68340	12	93611	30	1,06825	34	73004	10	10
91	352	11	641	29	791	33	72994	11	9
92	363	12	670	30	758	34	983	11	8
93	375	11	700	29	724	33	972	11	7
94	386	11	729	30	691	34	961	10	6
95	397	12	759	29	657	34	951	11	5
96	409	11	788	30	623	33	940	11	4
97	420	12	818	29	590	34	929	11	3
98	432	11	847	30	556	33	918	10	2
99	443	12	877	29	523	34	908	11	1
100	68455		93906		1,06489		72897		0
	cos 0,		cotg 0,		tang		sin 0,		c

52^g

46 52
0,88 1,06

	10	11	12	29	30	31	32	33	34	
1	1,0	1,1	1,2	2,9	3,0	3,1	3,2	3,3	3,4	1
2	2,0	2,2	2,4	5,8	6,0	6,2	6,4	6,6	6,8	2
3	3,0	3,3	3,6	8,7	9,0	9,3	9,6	9,9	10,2	3
4	4,0	4,4	4,8	11,6	12,0	12,4	12,8	13,2	13,6	4
5	5,0	5,5	6,0	14,5	15,0	15,5	16,0	16,5	17,0	5
6	6,0	6,6	7,2	17,4	18,0	18,6	19,2	19,8	20,4	6
7	7,0	7,7	8,4	20,3	21,0	21,7	22,4	23,1	23,8	7
8	8,0	8,8	9,6	23,2	24,0	24,8	25,6	26,4	27,2	8
9	9,0	9,9	10,8	26,1	27,0	27,9	28,8	29,7	30,6	9

48g

c	sin 0,	tang 0,	cotg	cos 0,		c	sin 0,	tang 0,	cotg	cos 0,	
0	68455	93906	1,06489	72897	100	50	69025	95395	1,04827	72357	50
1	466 11	936 30	456 33	886 11	99	51	036 11	425 30	794 33	346 11	49
2	478 12	965 29	422 34	875 11	98	52	048 12	455 30	761 33	335 11	48
3	489 11	93995 30	389 33	865 10	97	53	059 11	485 30	728 33	324 11	47
4	500 11	94025 30	355 34	854 11	96	54	071 12	515 30	695 33	314 10	46
5	512 12	054 29	322 33	843 11	95	55	082 11	545 30	662 33	303 11	45
6	523 11	084 30	288 34	832 11	94	56	093 11	575 30	629 33	292 11	44
7	535 12	113 29	255 33	822 10	93	57	105 12	605 30	596 33	281 11	43
8	546 11	143 30	221 34	811 11	92	58	116 11	636 31	564 32	270 11	42
9	558 12	173 30	188 33	800 11	91	59	127 11	666 30	531 33	259 11	41
10	68569 11	94202 29	1,06155 33	72789 11	90	60	69139 12	95696 30	1,04498 33	72248 11	40
11	581 12	232 30	121 34	778 11	89	61	150 11	726 30	465 33	238 10	39
12	592 11	262 30	088 33	768 10	88	62	161 11	756 30	432 33	227 11	38
13	603 11	291 29	054 34	757 11	87	63	173 12	786 30	399 33	216 11	37
14	615 12	321 30	1,06021 33	746 11	86	64	184 11	816 30	367 32	205 11	36
15	626 11	351 30	1,05988 33	735 11	85	65	195 11	846 30	334 33	194 11	35
16	638 12	380 29	954 34	725 10	84	66	207 12	876 30	301 33	183 11	34
17	649 11	410 30	921 33	714 11	83	67	218 11	907 31	268 33	172 11	33
18	661 12	440 30	888 33	703 11	82	68	229 11	937 30	235 33	162 10	32
19	672 11	469 29	854 34	692 11	81	69	241 12	967 30	203 32	151 11	31
20	68683 11	94499 30	1,05821 33	72681 11	80	70	69252 11	95997 30	1,04170 33	72140 11	30
21	695 12	529 30	788 33	671 10	79	71	263 11	96027 30	137 33	129 11	29
22	706 11	559 30	754 34	660 11	78	72	275 12	057 30	104 33	118 11	28
23	718 12	588 29	721 33	649 11	77	73	286 11	088 31	072 32	107 11	27
24	729 11	618 30	688 33	638 11	76	74	297 11	118 30	039 33	096 11	26
25	740 11	648 30	655 33	627 11	75	75	309 12	148 30	1,04006 33	085 11	25
26	752 12	678 30	621 34	617 10	74	76	320 11	178 30	1,03973 33	074 11	24
27	763 11	708 30	588 33	606 11	73	77	331 11	209 31	941 32	064 10	23
28	775 12	737 29	555 33	595 11	72	78	343 12	239 30	908 33	053 11	22
29	786 11	767 30	522 33	584 11	71	79	354 11	269 30	875 33	042 11	21
30	68797 11	94797 30	1,05489 33	72573 11	70	80	69365 11	96299 30	1,03843 32	72031 11	20
31	809 12	827 30	455 34	563 10	69	81	377 12	330 31	810 33	020 11	19
32	820 11	857 30	422 33	552 11	68	82	388 11	360 30	778 32	72009 11	18
33	832 12	887 30	389 33	541 11	67	83	399 11	390 30	745 33	71998 11	17
34	843 11	916 29	356 33	530 11	66	84	411 12	421 31	712 33	987 11	16
35	854 11	946 30	323 33	519 11	65	85	422 11	451 30	680 32	976 11	15
36	866 12	94976 30	290 33	509 10	64	86	433 11	481 30	647 33	965 11	14
37	877 11	95006 30	257 33	498 11	63	87	444 11	512 31	615 32	955 10	13
38	889 12	036 30	223 34	487 11	62	88	456 12	542 30	582 33	944 11	12
39	900 11	066 30	190 33	476 11	61	89	467 11	572 30	549 33	933 11	11
40	68911 11	95096 30	1,05157 33	72465 11	60	90	69478 11	96603 31	1,03517 32	71922 11	10
41	923 12	126 30	124 33	454 11	59	91	490 12	633 30	484 33	911 11	9
42	934 11	156 30	091 33	444 10	58	92	501 11	663 30	452 32	900 11	8
43	946 12	185 29	058 33	433 11	57	93	512 11	694 31	419 33	889 11	7
44	957 11	215 30	1,05025 33	422 11	56	94	524 12	724 30	387 32	878 11	6
45	968 11	245 30	1,04992 33	411 11	55	95	535 11	755 31	354 33	867 11	5
46	980 12	275 30	959 33	400 11	54	96	546 11	785 30	322 32	856 11	4
47	68991 11	305 30	926 33	389 11	53	97	557 11	815 30	289 33	845 11	3
48	69002 11	335 30	893 33	379 10	52	98	569 12	846 31	257 32	834 11	2
49	014 12	365 30	860 33	368 11	51	99	580 11	876 30	224 33	824 10	1
50	69025 11	95395 30	1,04827 33	72357 11	50	100	69591 11	96907 31	1,03192 32	71813 11	0
	cos 0,	cotg 0,	tang	sin 0,			cos 0,	cotg 0,	tang	sin 0,	c

51g

	10	11	12	30	31	32	33	
1	1,0	1,1	1,2	3,0	3,1	3,2	3,3	1
2	2,0	2,2	2,4	6,0	6,2	6,4	6,6	2
3	3,0	3,3	3,6	9,0	9,3	9,6	9,9	3
4	4,0	4,4	4,8	12,0	12,4	12,8	13,2	4
5	5,0	5,5	6,0	15,0	15,5	16,0	16,5	5
6	6,0	6,6	7,2	18,0	18,6	19,2	19,8	6
7	7,0	7,7	8,4	21,0	21,7	22,4	23,1	7
8	8,0	8,8	9,6	24,0	24,8	25,6	26,4	8
9	9,0	9,9	10,8	27,0	27,9	28,8	29,7	9

49g

c	sin 0,	d	tang 0,	d	cotg	d	cos 0,	d	
0	69591		96907		1,03192		71813		100
1	603	12	937	30	160	32	802	11	99
2	614	11	968	31	127	33	791	11	98
3	625	11	96998	30	095	32	780	11	97
4	636	11	97029	31	062	33	769	11	96
5	648	12	059	30	1,03030	32	758	11	95
6	659	11	090	31	1,02998	32	747	11	94
7	670	11	120	30	965	33	736	11	93
8	681	11	151	31	933	32	725	11	92
9	693	12	181	30	901	32	714	11	91
10	69704	11	97212	31	1,02868	33	71703	11	90
11	715	11	242	30	836	32	692	11	89
12	727	12	273	31	804	32	681	11	88
13	738	11	303	30	771	33	670	11	87
14	749	11	334	31	739	32	659	11	86
15	760	11	365	31	707	32	648	11	85
16	772	12	395	30	674	33	638	10	84
17	783	11	426	31	642	32	627	11	83
18	794	11	457	31	610	32	616	11	82
19	805	11	487	30	578	32	605	11	81
20	69817	12	97518	31	1,02545	33	71594	11	80
21	828	11	548	30	513	32	583	11	79
22	839	11	579	31	481	32	572	11	78
23	850	11	610	31	449	32	561	11	77
24	862	12	640	30	417	32	550	11	76
25	873	11	671	31	384	33	539	11	75
26	884	11	702	31	352	32	528	11	74
27	895	11	733	31	320	32	517	11	73
28	906	11	763	30	288	32	506	11	72
29	918	12	794	31	256	32	495	11	71
30	69929	11	97825	31	1,02224	32	71484	11	70
31	940	11	855	30	192	32	473	11	69
32	951	11	886	31	159	33	462	11	68
33	963	12	917	31	127	32	451	11	67
34	974	11	948	31	095	32	440	11	66
35	985	11	97979	31	063	32	429	11	65
36	69996	11	98009	30	1,02031	32	418	11	64
37	70007	11	040	31	1,01999	32	407	11	63
38	019	12	071	31	967	32	396	11	62
39	030	11	102	31	935	32	385	11	61
40	70041	11	98133	31	1,01903	32	71374	11	60
41	052	11	163	30	871	32	363	11	59
42	064	12	194	31	839	32	352	11	58
43	075	11	225	31	807	32	341	11	57
44	086	11	256	31	775	32	330	11	56
45	097	11	287	31	743	32	319	11	55
46	108	11	318	31	711	32	308	11	54
47	120	12	349	31	679	32	297	11	53
48	131	11	380	31	647	32	286	11	52
49	142	11	410	30	615	32	275	11	51
50	70153	11	98441	31	1,01583	32	71264	11	50
	cos 0,		cotg 0,		tang		sin 0,		

	sin 0,	d	tang 0,	d	cotg	d	cos 0,	d	
50	70153		98441		1,01583		71264		50
51	164	11	472	31	551	32	253	11	49
52	176	12	503	31	519	32	242	11	48
53	187	11	534	31	488	31	231	11	47
54	198	11	565	31	456	32	220	11	46
55	209	11	596	31	424	32	209	11	45
56	220	11	627	31	392	32	198	11	44
57	231	11	658	31	360	32	187	11	43
58	243	12	689	31	328	32	176	11	42
59	254	11	720	31	296	32	165	11	41
60	70265	11	98751	31	1,01265	31	71154	11	40
61	276	11	782	31	233	32	143	11	39
62	287	11	813	31	201	32	131	12	38
63	299	12	844	31	169	32	120	11	37
64	310	11	875	31	137	32	109	11	36
65	321	11	906	31	106	31	098	11	35
66	332	11	938	32	074	32	087	11	34
67	343	11	98969	31	042	32	076	11	33
68	354	11	99000	31	1,01010	32	065	11	32
69	366	12	031	31	1,00979	31	054	11	31
70	70377	11	99062	31	1,00947	32	71043	11	30
71	388	11	093	31	915	32	032	11	29
72	399	11	124	31	884	31	021	11	28
73	410	11	155	31	852	32	71010	11	27
74	421	11	187	32	820	32	70999	11	26
75	432	11	218	31	788	32	988	11	25
76	444	12	249	31	757	31	977	11	24
77	455	11	280	31	725	32	966	11	23
78	466	11	311	31	694	31	955	11	22
79	477	11	342	31	662	32	944	11	21
80	70488	11	99374	32	1,00630	32	70932	12	20
81	499	11	405	31	599	31	921	11	19
82	510	11	436	31	567	32	910	11	18
83	522	12	467	31	536	31	899	11	17
84	533	11	499	32	504	32	888	11	16
85	544	11	530	31	472	32	877	11	15
86	555	11	561	31	441	31	866	11	14
87	566	11	592	31	409	32	855	11	13
88	577	11	624	32	378	31	844	11	12
89	588	11	655	31	346	32	833	11	11
90	70600	12	99686	31	1,00315	31	70822	11	10
91	611	11	718	32	283	32	811	11	9
92	622	11	749	31	252	31	799	12	8
93	633	11	780	31	220	32	788	11	7
94	644	11	812	32	189	31	777	11	6
95	655	11	843	31	157	32	766	11	5
96	666	11	874	31	126	31	755	11	4
97	677	11	906	32	094	32	744	11	3
98	688	11	937	31	063	31	733	11	2
99	700	12	99969	32	031	32	722	11	1
100	70711	11	**1,00000**	31	1,00000	31	70711	11	0
	cos 0,		cotg 0,		tang		sin 0,		c

50g

Streckendehnung *l* in Deutschland ($\varphi = 50^\circ$)

Höhe km	*l* in mm für 10 m Strecke bei Gauß' winkeltreuer Abbildung												
+1,0	—1,57	—1,55	—1,52	—1,46	—1,37	—1,26	—1,13	—0,97	—0,78	—0,57	—0,34	—0,08	+0,20
0,9	—1,41	—1,40	—1,36	—1,30	—1,21	—1,10	—0,97	—0,81	—0,62	—0,42	—0,18	+0,08	+0,36
0,8	—1,25	—1,24	—1,20	—1,14	—1,06	—0,95	—0,81	—0,65	—0,47	—0,26	—0,03	+0,23	+0,51
0,7	—1,10	—1,08	—1,05	—0,99	—0,90	—0,79	—0,65	—0,50	—0,31	—0,10	+0,13	+0,39	+0,67
0,6	—0,94	—0,93	—0,89	—0,83	—0,74	—0,63	—0,50	—0,34	—0,15	+0,05	+0,29	+0,55	+0,83
0,5	—0,78	—0,77	—0,73	—0,67	—0,59	—0,48	—0,34	—0,18	±0,00	+0,21	+0,44	+0,70	+0,98
0,4	—0,63	—0,61	—0,58	—0,52	—0,43	—0,32	—0,18	—0,03	+0,16	+0,37	+0,60	+0,86	+1,14
0,3	—0,47	—0,46	—0,42	—0,36	—0,27	—0,16	—0,03	+0,13	+0,32	+0,52	+0,76	+1,02	+1,30
0,2	—0,31	—0,30	—0,26	—0,20	—0,12	—0,01	+0,13	+0,29	+0,47	+0,68	+0,91	+1,17	+1,45
0,1	—0,16	—0,14	—0,11	—0,05	+0,04	+0,15	+0,29	+0,44	+0,63	+0,84	+1,07	+1,33	+1,61
0,0	0	+0,01	+0,05	+0,11	+0,20	+0,31	+0,44	+0,60	+0,79	+0,99	+1,23	+1,49	+1,77
	0	10	20	30	40	50	60	70	80	90	100	110	120 km y
0,0	0	+0,01	+0,05	+0,11	+0,20	+0,31	+0,44	+0,60	+0,79	+0,99	+1,23	+1,49	+1,77
—0,1	+0,16	+0,17	+0,21	+0,27	+0,35	+0,46	+0,60	+0,76	+0,94	+1,15	+1,38	+1,64	+1,92
—0,2 Tiefe	+0,31	+0,33	+0,36	+0,42	+0,51	+0,62	+0,76	+0,92	+1,10	+1,31	+1,54	+1,80	+2,08

Bei $y = 0$ entspricht *l* der Lotkonvergenz (Markscheidenwesen)

Beispiel (siehe Geodät. Briefe, Seite 147)

Gegeben:
1. die maßverbesserte Seite 1—2 = 178,55 m,
2. die Höhe des Meßgebiets über NN: 0,260 km,
3. die mittlere Ordinate des Meßgebiets im Gauß'schen Bild: 4 611 300 m oder, nachdem die Kennziffer 45 000 000 abgezogen ist und Kilometer eingeführt sind, 111,3 km.

Bei 0,2 km Höhe ist *l* für 111,3 km Ordinate (Tafeldifferenz 0,28):
$+1{,}17 + 0{,}28 \cdot 0{,}13 = +1{,}21$ mm

bei 0,3 km Höhe ist *l* für 111,3 km Ordinate (Tafeldifferenz 0,28):
$+1{,}02 + 0{,}28 \cdot 0{,}13 = +1{,}06$ mm

bei 0,26 km Höhe ist *l* für 111,3 km Ordinate (Diff. 1,06—1,21 = —0,15):
$+1{,}21 - 0{,}15 \cdot 0{,}60 = +1{,}12$ mm

10 m Strecke sind um + 1,12 mm zu verbessern; oder 1—2 = 178,55 m um + 0,02 m.

Die gedehnte Strecke 1—2 ist damit 178,57.

Streckenfehlergrenzen D

Erg.-Bestimmungen 1931 zur Kat.-Anw. IX

$$D_I = 0{,}004 \cdot \sqrt{s} + 0{,}00030 \cdot s + 0{,}02$$
$$D_{II} = 0{,}006 \cdot \sqrt{s} + 0{,}00035 \cdot s + 0{,}02$$
$$D_{III} = 0{,}008 \cdot \sqrt{s} + 0{,}00040 \cdot s + 0{,}02$$

s_I günstig	s_{II} mittel	s_{III} schlecht	D	s_I	s_{II}	s_{III}	D	s_I	s_{II}	s_{III}	D
				131	85	59	0,11	363	255	188	0,21
				152	100	70	0,12	388	274	203	0,22
			0,03	174	116	82	0,13	413	293	218	0,23
9	5	3	0,04	196	132	94	0,14	438	312	233	0,24
22	12	8	0,05	219	148	106	0,15	463	331	248	0,25
36	21	14	0,06	242	165	119	0,16	489	350	263	0,26
53	32	21	0,07	266	183	132	0,17	514	370	279	0,27
71	44	29	0,08	290	200	146	0,18	540	390	294	0,28
90	57	38	0,09	314	218	160	0,19	566	410	310	0,29
110	70	48	0,10	338	236	174	0,20	592	430	326	0,30
131	85	59		363	255	188		618	451	342	

Längsfehlergrenzen *L* für G-, H- und N-Züge

[s] m	L_G cm	L_I günstig cm	L_{II} mittel cm	L_{III} schlecht cm	[s] m	L_G cm	L_I günstig cm	L_{II} mittel cm	L_{III} schlecht cm	[s] m	L_G cm	L_I günstig cm	L_{II} mittel cm	L_{III} schlecht cm
100	7	10	12	13	500	16	24	29	34	2500	60	90	108	125
120	7	11	12	14	600	19	28	33	39	2600	62	93	111	129
140	8	12	13	15	700	21	31	37	44	2700	64	96	115	134
160	8	12	14	16	800	23	35	41	48	2800	66	100	119	138
180	9	13	15	18	900	25	38	46	53	2900	69	103	123	143
200	9	14	16	19	1000	28	41	49	58	3000	71	106	126	147
220	10	15	17	20	1100	30	45	53	62	3100	73	109	130	151
240	10	15	18	21	1200	32	48	57	67	3200	75	112	134	156
260	11	16	19	22	1300	34	51	61	71	3300	77	115	138	160
280	11	17	20	23	1400	36	54	65	76	3400	79	119	141	164
300	12	17	21	24	1500	38	58	69	80	3500	81	122	145	169
320	12	18	22	25	1600	41	61	73	85	3600	83	125	149	173
340	13	19	22	26	1700	43	64	77	89	3700	85	128	153	177
360	13	20	23	27	1800	45	67	81	94	3800	88	131	156	182
380	14	20	24	28	1900	47	71	85	98	3900	90	134	160	186
400	14	21	25	29	2000	49	74	88	103	4000	92	138	164	190
420	14	22	26	30	2100	51	77	92	107	4100	94	141	168	195
440	15	22	27	31	2200	54	80	96	112	4200	96	144	171	199
460	15	23	28	32	2300	56	84	100	116	4300	98	147	175	203
480	16	24	28	33	2400	58	87	104	121	4400	100	150	179	208
500	16	24	29	34	2500	60	90	108	125	4500	102	153	183	212

[s] = Streckensumme $L_G = \frac{4}{3} \cdot 10^{-3}\sqrt{[s]} + 2{,}0 \cdot 10^{-4}\,[s] + \frac{1}{30}$ $\quad L_{II} = 3 \cdot 10^{-3}\sqrt{[s]} + 3{,}5 \cdot 10^{-4}\,[s] + \frac{1}{20}$

$L_I = 2 \cdot 10^{-3}\sqrt{[s]} + 3{,}0 \cdot 10^{-4}\,[s] + \frac{1}{20}$ $\quad L_{III} = 4 \cdot 10^{-3}\sqrt{[s]} + 4{,}0 . 10^{-4}\,[s] + \frac{1}{20}$

G = Gerüstzüge, H = Hauptzüge, N = Nebenzüge.

Winkelfehlergrenzen, Querfehlergrenzen

Eckpunkte n	f_G 1^c	f_H 1^c	f_N 1^c	f_G $0{,}001^g$	f_H $0{,}001^g$	f_N $0{,}001^g$	1000 W_G	1000 W_H	1000 W_N	$P = \frac{1}{n}$
3	2,31	3,46	5,46	23	35	55	0,14	0,21	0,23	0,33
4	2,67	4,00	6,00	27	40	60	0,14	0,22	0,24	0,25
5	2,98	4,47	6,47	30	45	65	0,15	0,23	0,25	0,20
6	3,27	4,90	6,90	33	49	69	0,16	0,24	0,27	0,17
7	3,53	5,29	7,29	35	53	73	0,17	0,26	0,28	0,14
8	3,77	5,66	7,66	38	57	77	0,18	0,27	0,30	0,13
9	4,00	6,00	8,00	40	60	80	0,19	0,28	0,31	0,11
10	4,22	6,32	8,32	42	63	83	0,20	0,29	0,32	0,10
11	4,42	6,63	8,63	44	66	86	0,20	0,31	0,34	0,09
12	4,62	6,93	8,93	46	69	89	0,21	0,32	0,35	0,08
13	4,81	7,21	9,21	48	72	92	0,22	0,33	0,36	0,08
14	4,99	7,48	9,48	50	75	95	0,23	0,34	0,37	0,07
15	5,16	7,75	9,75	52	77	97	0,23	0,35	0,38	0,07
16	5,33	8,00	10,00	53	80	100	0,24	0,36	0,39	0,06
17	5,50	8,25	10,25	55	82	102	0,24	0,37	0,40	0,06
18	5,66	8,49	10,49	57	85	105	0,25	0,38	0,41	0,06
19	5,81	8,72	10,72	58	87	107	0,26	0,39	0,42	0,05
20	5,96	8,94	10,94	60	89	109	0,26	0,39	0,43	0,05

n = Zahl der Eckpunkte einschließlich Anfang und Ende.

$f_G = \frac{2}{3}\, 2^c \sqrt{n}$ $\quad \Delta_G = W_G \cdot [s] + 0{,}03$ $\quad 1000\, W_G = 0{,}0560$

$f_H = 2^c \sqrt{n}$ $\quad \Delta_H = W_H \cdot [s] + 0{,}05$ $\quad 1000\, W_H = 0{,}0840$

$f_N = 2^c \sqrt{n} + 2^c$ $\quad \Delta_N = W_N \cdot [s] + 0{,}10$ $\quad 1000\, W_N = 0{,}0924$

$$\left.\begin{array}{l} 1000\, W_G = 0{,}0560 \\ 1000\, W_H = 0{,}0840 \\ 1000\, W_N = 0{,}0924 \end{array}\right\} \cdot \sqrt{\frac{n\,(n+1)}{(n-1)}}$$

Eckzug (Polygonzug)

Für Eckzüge ist vom Verfasser folgender Vordruck entworfen:

Zug Nr.	s Punkt	Winkelentnahme	β^g α^g	$\sin\alpha$ $\cos\alpha$	$\frac{\alpha}{2}$ $\mathrm{tg}\frac{\alpha}{2}$ bzw. $\mathrm{ctg}\frac{\alpha}{2}$	$s \mp \Delta\xi$ $\Delta\eta \cdot {}^{\mathrm{tg}}_{\mathrm{ctg}}\frac{\alpha}{2}$	Δv_y $\Delta\eta = \sin\alpha \cdot s$ y	Δv_x $\Delta\xi = \cos\alpha \cdot s$ x	Punkt
1	2	3	4	5	6	7	8	9	10
1	P_0		$80{,}000^g$						
	P_1		+5 189,995				5190,00	8220,00	P_1
	120		$70{,}000^g$	+0,89 101	$35{,}000^g$	65,52	+1 + 106,92	+1 + 54,48	
	P_2		+5 252,995	+0,45 399	0,61 280	65,52	5296,93	8274,49	P_2
	180		$123{,}000^g$	+0,93 544	$61\,500^g$	116,38	+2 + 168,38	+2 − 63,62	
	P_3		+5 235,995	−0,35 347	0,69 114	116,37	5465,33	8210,89	P_3
	.	.	. .	. .	. .	. .	. .	. .	.

Die Gleichungen

$$\Delta y = s \sin\alpha \quad \text{und} \quad \Delta x = s \cos\alpha$$

werden verprobt durch

$$s - \Delta x = \Delta y \cdot \mathrm{tg}\frac{1}{2}\alpha \quad (\text{wenn } \mathrm{tg}\frac{1}{2}\alpha < 1).$$

$$s + \Delta x = \Delta y \cdot \mathrm{ctg}\frac{1}{2}\alpha \quad (\text{wenn } \mathrm{ctg}\frac{1}{2}\alpha < 1).$$

Diese Probe ist kurz und durchgreifend. Mit dem Halbwinkel $^1/_2\,\alpha$ wird bei einer anderen Zeile in die Tafel gegangen wie bei α: der Zeilenfehler fällt fort. Zusätzliche Tafelwerke wie etwa für (1+sin+cos) und $s \cdot \sin$ und $s \cdot \cos$ erübrigen sich. Weitere Einzelheiten siehe „Geodätische Briefe", Seite 149 ff.

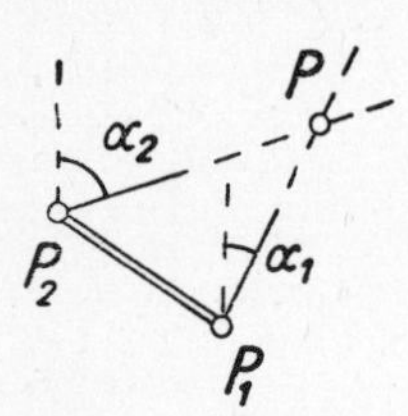

Vorwärtsschnitt

Gegeben P_1, P_2 α_1 α_2, gesucht (y, x).

$$y_h = y_1 + \mathrm{tg}\,\alpha_1\,(x_2 - x_1); \qquad (x - x_2) = \frac{y_2 - y_h}{\mathrm{tg}\,\alpha_1 - \mathrm{tg}\,\alpha_2}$$

$$y = y_2 + \mathrm{tg}\,\alpha_2 \cdot (x - x_2); \; x = x_2 + (x - x_2)$$

Rückwärtsschnitt

Gegeben P_0, P_1, P_2, σ_1 σ_2.

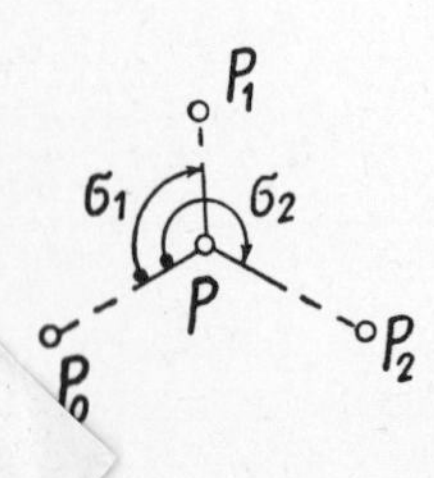

$$y_C = y_1 + (x_1 - x_0)\,\mathrm{ctg}\,\sigma_1 \qquad x_C = x_1 + (y_0 - y_1)\,\mathrm{ctg}\,\sigma_1$$

$$y_D = y_2 + (x_2 - x_0)\,\mathrm{ctg}\,\sigma_2 \qquad x_D = x_2 + (y_0 - y_2)\,\mathrm{ctg}\,\sigma_2$$

$$\mathrm{ctg}\,\alpha_1 = m = \frac{x_D - x_C}{y_D - y_C} \qquad \mathrm{ctg}\,\alpha_2 = n = -\frac{1}{m}$$

$$y - y_C = \frac{(x_C - x_0) - (y_C - y_0)\,n}{(n - m)}$$

$$x = x_C - (y_C - y)\,m \qquad y = y_C + (y - y_C)$$